溢洪道水工模型试验与分析

张庆华　宋学东　著

U0343586

黄河水利出版社
·郑州·

内 容 提 要

本书主要内容为溢洪道水工模型试验实例及溢洪道水力设计分析。分上、下两篇,上篇为模型试验篇,介绍了具有代表性的 8 座水库溢洪道水工模型试验与分析,其中底流(消力池)消能 3 座、挑流消能 5 座(含泄槽弯道段设置导流墙的溢洪道 1 座,挑流坎收缩的溢洪道 1 座)。下篇为试验分析篇,包括无坎平底溢洪闸综合流量系数的确定方法、溢洪道水面线推求控制断面水深的确定方法、溢洪道泄槽弯道段设置导流墙的设计方法。

本书可供工程技术人员溢洪道工程设计使用,也可作为科研、教学人员的参考用书。

图书在版编目(CIP)数据

溢洪道水工模型试验与分析/张庆华,宋学东著.—郑
州:黄河水利出版社,2012.8
ISBN 978 - 7 - 5509 - 0340 - 1

Ⅰ.①溢…　Ⅱ.①张…②宋…　Ⅲ.①溢洪道 - 水工
模型试验　Ⅳ.①TV651.1

中国版本图书馆 CIP 数据核字(2012)第 200918 号

策划编辑:李洪良　电话:0371-66024331　邮箱:hongliang0013@163.com

出 版 社:黄河水利出版社　　　　　　　网址:www.yrcp.com
　　　　　地址:河南省郑州市顺河路黄委会综合楼 14 层　邮政编码:450003
发行单位:黄河水利出版社
　　　　　发行部电话:0371 - 66026940、66020550、66028024、66022620(传真)
　　　　　E-mail:hhslcbs@126.com
承印单位:河南省瑞光印务股份有限公司
开本:787 mm×1 092 mm　1/16
印张:11.5
字数:266 千字　　　　　　　　　　　印数:1—1 000
版次:2012 年 8 月第 1 版　　　　　　　印次:2012 年 8 月第 1 次印刷

定价:38.00 元

前　言

溢洪道是土石坝水库枢纽工程重要的组成部分,对工程安全起着重要的作用。溢洪道工程一般包括进水段、控制段、泄槽段、消能段和出水段,其工程设计包括溢洪道布置、水力设计、建筑物结构设计、地基及边坡设计和安全监测设计等。溢洪道水力设计是其他设计的基础,由于溢洪道水力条件的复杂性和多变性,因此《溢洪道设计规范》(SL 253—2000)规定"大型工程及条件较为复杂的中型工程,应进行水工模型试验,论证其布置及水力设计的合理性"。

作者自20世纪90年代中期开始,结合大中型水库除险加固工程,进行了近30座水库溢洪道水工模型试验,积累了较多的溢洪道水工模型试验资料。这些模型试验不仅验证了工程设计单位溢洪道工程设计的合理性,而且对工程设计提出了修改建议,对溢洪道工程布置和水力设计发挥了重要的作用。综观作者所做的溢洪道水工模型试验,对同类工程有许多可以借鉴,同时,也有必要对试验资料进行研究与分析,探索其规律,供溢洪道工程设计参考。

本书包括上、下两篇。上篇为模型试验实例,介绍了具有代表性的8座水库溢洪道水工模型试验与分析,其中大型水库3座、中型水库5座;底流(消力池)消能3座、挑流消能5座(含泄槽弯道段设置导流墙的溢洪道1座,挑流坎收缩的溢洪道1座)。下篇为试验分析篇,结合作者对溢洪道水工模型试验的研究成果,介绍了无坎平底溢洪闸综合流量系数及溢洪道水面线推求控制断面水深的确定方法、溢洪道泄槽弯道段设置导流墙的设计方法。需要说明的是,本书上篇各工程的设计简介是依据该工程的可行性研究报告或初步设计编写的,可能与建成后的工程有差别。

本书由山东农业大学张庆华、宋学东撰写,第1~5、10、11章由张庆华执笔,第6~9章由宋学东执笔,全书由张庆华统稿、定稿。山东农业大学颜宏亮、李保栋、王青、彭儒武、孙玉霞、李妮等老师参加了本书的水工模型试验工作,山东农业大学姜锡强教授在模型试验中给予了技术指导。另外,山东省水利勘测设计院、泰安市水利勘测设计研究院、临沂市水利勘测设计院、青岛市水利勘测设计研究院有限公司、山东省水利科学研究院勘察设计研究所和潍坊市水利建筑设计研究院及模型试验的工程项目建设单位等为本书水工模型试验提供了工程设计资料和支持,在此一并表示感谢。

受时间及经费所限,作者所做的溢洪道水工模型试验大都是以工程设计为目的,研究性试验成果较少,这也限制了作者向更深层次探讨,对有些问题的认识和研究还有待进一步深入。同时,受学识视野和水平所限,书中难免有疏漏和不妥之处,敬请同行、专家批评指正。

作　者
2012年5月

目 录

上篇 模型试验

下篇　试验分析

上篇　模型试验

第 1 章　雪野水库溢洪道水工模型试验

1.1　概　述

根据《莱芜市雪野水库除险加固工程初步设计》,工程设计情况简介如下。

1.1.1　工程概况

雪野水库位于山东省莱芜市莱城区雪野乡大冬暖村北,大汶河支流瀛汶河上游,控制流域面积 444 km^2,总库容 2.21 亿 m^3,兴利库容 1.112 亿 m^3,死库容 280 万 m^3,是一座以防洪为主,兼顾发电、灌溉、水产养殖、工业供水等综合利用的大(2)型水库。水库枢纽工程包括主坝,副坝,溢洪道,东、西放水洞和电站等工程。

1.1.2　工程等级及设计标准

1.1.2.1　**工程等级及建筑物级别**

依据《防洪标准》(GB 50201—94)及《水利水电工程等级划分及洪水标准》(SL 252—2000),雪野水库枢纽工程建筑物等别为 Ⅱ 等,大坝、溢洪道、放水洞等主要建筑物级别为 2 级,次要建筑物为 3 级。

1.1.2.2　**防洪标准**

依据《防洪标准》(GB 50201—94),雪野水库防洪标准为:正常运用(设计)洪水标准为 100 年一遇($P = 1\%$),非常运用(校核)洪水标准为 5 000 年一遇($P = 0.02\%$)。依据《溢洪道设计规范》(SL 253—2000),溢洪道消能防冲标准为 50 年一遇洪水设计($P = 2\%$)。

1.1.3　洪水调节计算结果

雪野水库洪水调节计算结果见表 1-1。

表 1-1　雪野水库洪水调节计算结果

洪水标准	库水位 （m）	库容 （亿 m³）	溢洪道总 泄洪流量 （m³/s）	出水渠水位 （m）	说明
$P = 5\%$	233.65	1.454	600	212.939	
$P = 2\%$	233.65	1.454 8	2 497	215.943	20 年一遇及以
$P = 1\%$	233.8	1.630 6	2 567	216.032	下洪水为控泄,其
$P = 0.05\%$	235.23	1.683 1	3 312	216.937	余为自由泄流
$P = 0.02\%$	235.73	1.758	3 589	217.254	

1.1.4　溢洪道工程设计概况

雪野水库溢洪道工程由进水渠、闸室、泄槽、消能段和出水渠五部分组成,如图 1-1 所示。

1.1.4.1　进水渠

0 - 054.9 ~ 0 - 017.5 为溢洪闸前引渠,长 37.4 m,底宽为 82.5 m,控制底高程为 226.1 m,分两段。闸室段上游 15 m 为 C20 钢筋混凝土铺盖,前端长 2.0 m 通过 1∶4 的斜坡与闸室底板衔接,两侧钢筋混凝土翼墙对称布置;铺盖前为长 22.4 m 的鱼嘴形曲面,半径 30 m,中心角 48°,翼墙为 M10 水泥砂浆砌方块石直墙段。

1.1.4.2　闸室

0 - 017.5 ~ 0 + 000 为闸室,总长 17.5 m,闸室为正槽开敞式钢筋混凝土结构,顺水流方向在闸墩上设有检修桥、机架桥、交通桥,桩号 0 + 000 为闸室后沿。闸室共 8 孔,每孔净宽为 9.0 m,中墩宽 1.5 m,总宽 82.5 m。闸底板高程 226.1 m,无坎宽顶堰,平板钢质闸门控制,闸墩厚 1.5 m,中墩上、下游墩头为半圆形。闸门尺寸 9 m × 7 m(宽 × 高),门顶高程 233.1 m。

1.1.4.3　泄槽

0 + 000 ~ 0 + 119.17 为溢洪道泄槽。溢洪闸后泄槽均为钢筋混凝土护底,宽 82.5 m,泄水槽分两段,上游段长 93.6 m,底板高程由 226.1 m 降至 225.5 m,$i = 1/150$;下游段为陡坡段,长 25.57 m,$i = 1/4$。边墙为混凝土重力式挡土墙。

1.1.4.4　消能段

0 + 119.17 ~ 0 + 129.47 为挑流鼻坎消能段,总长 10.3 m。挑流鼻坎为连续式钢筋混凝土结构,下设灌注桩基础,反弧半径 11.80 m,挑射角 15°。

1.1.4.5　出水渠

出水渠全长 600 m,$i = 1/120$,左、右岸均为混凝土护岸。平面布置为:中心线自鼻坎后 2.0 m 为直线段,0 + 131.47 ~ 0 + 244.47 为弯道段,中泓线沿半径为 117.5 m、转角为 58.43°的弧线转向西偏南。左岸 0 + 129.47 ~ 0 + 139.47 为直线段,0 + 139.47 ~ 0 + 248.69 为弯道段,半径 146.78 m,中心角 58.15°,后为直线段;右岸 0 + 129.47 ~ 0 + 271.6

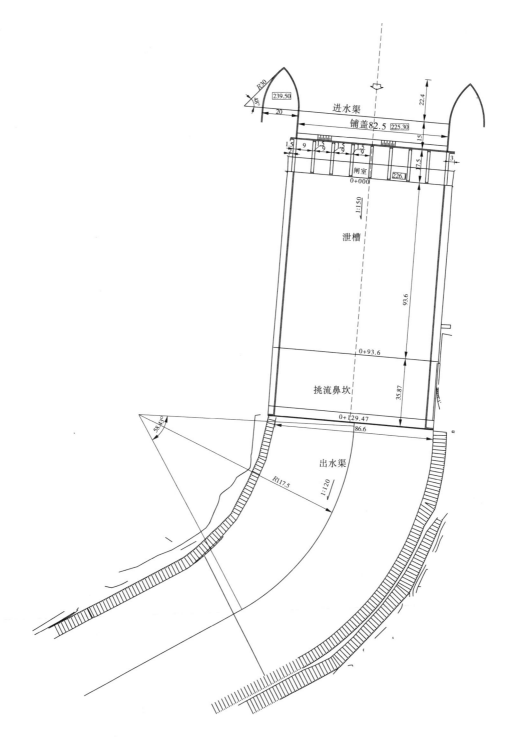

图 1-1 雪野水库溢洪道平面布置图 （单位:m）

为弯道段,半径 115.06 m,中心角 50.2°,后为直线段。出水渠边墙:左岸圆弧段边坡
1:0.1,右岸圆弧段边坡 1:1,均用混凝土护岸;圆弧后直线段边坡均为 1:1,用浆砌块石
护坡。

　　现状挑流坎后 46 m、宽 70 m 范围内为高程比坎顶略低的裸露岩石。

1.2　模型设计与制作

1.2.1　模型试验的目的、任务和范围

1.2.1.1　模型试验目的

　　通过水工模型试验,验证溢洪道系统的泄流能力、水流流态及消能效果,并对存在的
问题提出修改方案,为溢洪道加固改造提供设计依据。

1.2.1.2　模型试验任务

　　模型试验的任务为:①验证水库水位—溢洪闸泄量关系;②测试溢洪闸过流综合流量
系数;③验证原挑流坎高程、反弧半径和挑射角的合理性,提供宣泄各洪水频率时的下泄
水流挑射距离和可能冲刷坑的深度和范围,以及对两岸的冲刷影响;④通过试验,确定上
游翼墙的高度及长度,以保证两侧坝坡不受冲刷,并有较好的入流条件;⑤提供泄槽水
位—流量关系曲线,以此确定两岸翼墙的墙顶高程;⑥提出各频率洪水时溢洪道系统的水
面线、流速分布等;⑦提供闸门控制运用时的开启方式、开度、闸前水位关系;⑧对设计方
案提出合理的修改意见。

1.2.1.3　模型试验范围

　　根据本工程水工模型试验任务,结合本工程实际情况,本次水工模型试验的范围为:
雪野水库溢洪道闸前进水渠开始到部分出水渠,主要建筑物包括闸室、泄槽、挑流鼻坎。

1.2.2　模型设计

1.2.2.1　相似准则

　　本模型试验主要研究溢洪闸过水能力、溢洪道水流流态和消能情况。根据水流特点,
为重力起主要作用的水流。因此,本模型试验按重力相似准则进行模型设计,同时保证模
型水流流态与原型水流流态相似。

1.2.2.2　模型类别

　　根据模型试验任务和模型试验范围,本模型选用正态、定床、部分动床、整体模型,其
中挑流冲坑段为动床模型。

1.2.2.3　模型比尺

　　根据模型试验范围和整体模型试验要求,结合试验场地和设备供水能力,选定模型长
度比尺 $L_r = 60$,其他各物理量比尺为

　　　　流量比尺:$Q_r = 60^{2.5} = 27\ 885.5$;

　　　　流速比尺:$V_r = 60^{1/2} = 7.746$;

　　　　糙率比尺:$n_r = 60^{1/6} = 1.979$;

时间比尺:$T_r = 60^{1/2} = 7.746$。

1.2.2.4　模型布置

模型试验在专用的模型试验池内进行。根据工程平面布置图和各部尺寸,按 1:60 比尺将工程模型布置在模型池内。模型闸室及泄槽宽 137.5 cm,闸室长 29.17 cm,泄槽长 198.62 cm,挑流坎长 17.17 cm,出水渠长 270 cm。

1.2.2.5　模型材料选用

模型材料根据原型工程实际材料和糙率,按糙率比尺选用。原型铺盖、闸室、泄槽及挑流坎等混凝土或钢筋混凝土工程,糙率 0.015,模型用有机玻璃板。原型浆砌块石工程,糙率 0.0225,模型用塑料板。原型出水渠渠底,糙率 0.030,模型用水泥砂浆抹面。

1.2.2.6　冲坑段

挑流坎下游冲坑段模型按动床设计,用天然散粒体模拟由砂砾石组成的原型河床,砾石粒径按下式计算

$$v = KD^{0.5} \tag{1-1}$$

式中　　v——不冲流速,m/s;

　　　　K——系数,为 5~7,取 6 计算;

　　　　D——粒径,m。

按式(1-1)计算的为原型砾石粒径,模型用砾石粒径应根据比尺换算。

根据《莱芜市雪野水库溢洪道工程地质勘探报告》,挑流鼻坎下游地质情况为:右岸高程 219~221.1 m 为强风化混合花岗片麻岩,裂隙发育;高程 192~219 m 为中风化层;高程 192 m 以下为微风化岩石。挑流坎中左岸,表层 1~2 m 为强风化层,高程 198.3~209.2 m 为中风化混合花岗片麻岩,裂隙发育;高程 198.3 m 以下为微风化岩石。

经计算,强风化层模型砾石粒径为 16.7~22.6 mm,中风化层模型砾石粒径为 22.6~41.8 mm,微风化层模型砾石粒径为 41.8~61.2 mm。

1.2.2.7　模型流量

根据流量比尺及原型流量,计算得到各洪水标准模型流量见表 1-2。

表 1-2　模型流量

洪水标准	原型流量(m³/s)	模型流量(m³/s)	闸门运用
$P = 5\%$	600	0.0215	控制泄量
$P = 2\%$	2 497	0.0895	闸门全开
$P = 1\%$	2 567	0.092	闸门全开
$P = 0.05\%$	3 312	0.1188	闸门全开
$P = 0.02\%$	3 589	0.1287	闸门全开

1.2.3　模型制作

为确保水工模型试验精度,模型制作严格按模型设计和《水工(常规)模型试验规程》(SL 155—95)的要求进行。

闸室段、泄槽和挑流段由木工按模型设计尺寸整体制作,精度控制在误差 ±0.2 mm 以内。制作完成后在模型池内进行安装,高程误差控制在 ±0.3 mm 以内。

其他段在模型池内现场制作。制作时,模型尺寸用钢尺量测,建筑物高程误差控制在 ±0.3 mm 以内。

地形的制作先用土夯实,上面用水泥砂浆抹面 1 ~ 2 cm。地形高程误差控制在 ±2.0 mm 以内,平面距离误差控制在 ±5 mm 以内。

冲坑段按照散粒体粒径计算结果,强风化层选用粒径 10 ~ 20 mm 的石子,中风化层选用粒径 20 ~ 40 mm 的石子,微风化层选用粒径 40 ~ 60 mm 的石子,石子分层铺设。

1.3　模型测试

1.3.1　模型测试方案

根据模型试验任务,本次模型试验设计了以下测试方案。

1.3.1.1　鼻坎挑射角确定

在挑流坎后岩石不开挖,洪水标准5%、2%的情况下测试以下方案:

(1)鼻坎挑射角 15°(原设计情况)。测试挑射距离、冲坑后出水渠部分断面水深、水流流速,观察鼻坎水流、出水渠水流情况。

(2)鼻坎挑射角 19°。鼻坎挑射角 19°时,鼻坎高程 218.41 m,挑流坎后移 0.67 m。测试挑射距离、冲坑后出水渠部分断面水深、水流流速,观察鼻坎水流、出水渠水流情况。

(3)鼻坎挑射角 21.5°。鼻坎挑射角 21.5°时,鼻坎高程 218.59 m,挑流坎后移 1.16 m。测试挑射距离、冲坑后出水渠部分断面水深、水流流速,观察鼻坎水流、出水渠水流情况。

1.3.1.2　起挑流量

根据确定的挑流鼻坎挑射角,控制水库水位为兴利水位(起调水位)232.8m,测试起挑流量。

根据起挑流量情况下的挑距,确定坎后岩石开挖范围。

1.3.1.3　水库水位—溢洪闸泄量关系

量测不同水库水位下溢洪闸泄量。

1.3.1.4　溢洪闸过流综合流量系数

以闸前 0 - 032.5 为测试断面,测试断面水深、流速,用宽顶堰流量公式计算溢洪闸过流综合流量系数。

1.3.1.5　溢洪道水深、水位、流速、冲坑参数测试

挑射角 19°,鼻坎后岩石开挖至 214.0 m,测试以下方案:

(1)$P = 5\%$,溢洪闸泄洪 600 m³/s,库水位 233.65 m。模型放水流量 0.021 5 m³/s,控制库水位达到设计要求,量测闸门开启高度及各断面的水深、挑距、冲坑深度和范围。

(2)$P = 2\%$,溢洪闸泄洪 2 497 m³/s。模型放水流量 0.089 5 m³/s,闸门全开,量测水库水位及各断面的水深、挑距、冲坑深度和范围。

（3）$P=1\%$，溢洪闸泄洪 2 567 m³/s。模型放水流量 0.092 m³/s，闸门全开，量测水库水位及各断面的水深、流速、挑距、冲坑深度和范围。

（4）$P=0.05\%$，溢洪闸泄洪 3 312 m³/s。模型放水流量 0.118 8 m³/s，闸门全开，量测相应库水位及各断面的水深、流速、挑距、冲坑深度和范围。

（5）$P=0.02\%$，溢洪闸泄洪 3 589 m³/s。模型放水流量 0.128 7 m³/s，闸门全开，量测相应库水位及各断面的水深、流速、挑距、冲坑深度和范围。

1.3.2 断面水深及水位测量

1.3.2.1 测试断面设计及垂线布置

根据模型试验任务，本试验共设计了 16 个测试断面，弯道处设计了左右岸边、导流墙左右四条测垂线，其余断面设计了左中右三条测垂线，测试断面见表 1-3。

表 1-3 测试断面设计

序号	桩号	位置	底高程(m)
1	0－054.9	闸前进水渠	225.30
2	0－032.5	闸前铺盖	225.60
3	0－017.5	闸室前沿	226.10
4	0＋000	闸室末端	226.10
5	0＋030	泄槽	225.90
6	0＋060	泄槽	225.70
7	0＋093.6	泄槽	225.50
8	0＋105	泄槽	222.65
9	0＋125.91	挑流反弧底点	217.83
10*	0＋129.75	挑流坎	218.41
11	0＋160	出水渠弯道、冲坑段	214.00
12	0＋190	出水渠弯道	210.95
13	0＋220	出水渠弯道	210.70
14	0＋250	出水渠	210.36
15	0＋280	出水渠	210.18
16	0＋310	出水渠	209.96

注：* 该断面相应数值为挑射角 19°后的情况（原桩号为 0＋129.08，鼻坎高程为 218.20 m）。

1.3.2.2 水深测量

水深测量是测量各垂线的水深。

1.3.2.3 水位测量

测点水位＝测点水深＋河底高程。

1.3.3　断面流速测量

采用精测法进行断面流速测量。

1.3.3.1　测点位置

每条垂线布设 1~3 个测点。当水深小于 2 cm 时,只测 1 点流速;当水深为 2~5 cm 时,测 2 点流速;当水深大于 5 cm 时,测 3 点流速。测点的位置为:

第 1 点距水面 0.2h(h 为该垂线水深,下同);

第 2 点距水面 0.6h;

第 3 点距水面 0.8h。

1.3.3.2　测点流速

将流速仪放在测垂线上,测量各点的流速。

1.3.3.3　垂线平均流速

各垂线的平均流速按以下方法计算:

一点法:平均流速 = $V_{0.6}$;

二点法:平均流速 = $(V_{0.2} + V_{0.8})/2$;

三点法:平均流速 = $(V_{0.2} + V_{0.6} + V_{0.8})/3$。

1.3.3.4　测试要求

为确保测试精度,减少测量误差,每个测点测试 3 次,取平均值作为测试数值。

1.3.4　测试设备

1.3.4.1　流量控制设备

入库洪水采用矩形量水堰控制流量。

1.3.4.2　水深测试设备

水深测量采用 40 cm、60 cm 测针,测针精度为 0.1 mm。

1.3.4.3　流速测试设备

流速测量采用 CYS - 测速仪,用下式计算测点流速:

$$V = KN + C$$

式中　V——测点流速,cm/s;

　　　N——单位时间内叶轮转数;

　　　K、C——常数。

K、C 与流速传感器旋浆叶轮直径、反光面个数有关。该仪器也可从显示器上直接读出流速数值。采样时间一般为 10 s,最小起动流速为 2.5 cm/s,最大测量流速为 2 100 cm/s。

1.4　试验成果

本次模型试验取得了以下试验成果。

1.4.1 闸门开启高度及水库水位

经测试,各种标准洪水闸门开启高度及水库水位如下:

(1)$P = 5\%$。闸门开启高度 1.15 m,水库水位 233.65 m。

(2)$P = 2\%$。闸门全开,水库水位 233.78 m。

(3)$P = 1\%$。闸门全开,水库水位 233.936 m。

(4)$P = 0.05\%$。闸门全开,水库水位 235.166 m。

(5)$P = 0.02\%$。闸门全开,水库水位 235.652 m。

1.4.2 水库水位—溢洪闸泄量关系

不同水库水位下溢洪闸泄量见表 1-4、图 1-2。

1.4.3 溢洪闸综合流量系数

闸门全开、溢洪闸不同泄量情况下,溢洪闸综合流量系数测试结果见表 1-5。

表 1-4 水库水位—溢洪闸泄量关系

序号	水库水位(m)	溢洪闸泄量(m^3/s)
1	227.228	101.5
2	228.284	328.6
3	229.016	525.7
4	229.874	787.2
5	230.810	1 129.8
6	231.614	1 447.7
7	231.740	1 489.4
8	232.172	1 687.1
9	232.490	1 830.8
10	232.784	1 974.2
11	233.222	2 196.5
12	233.684	2 460.3
13	233.780	2 497.0
14	233.936	2 567.0
15	234.212	2 727.4
16	234.656	2 973.5
17	235.166	3 312.0
18	235.652	3 589.0
19	235.880	3 690.5

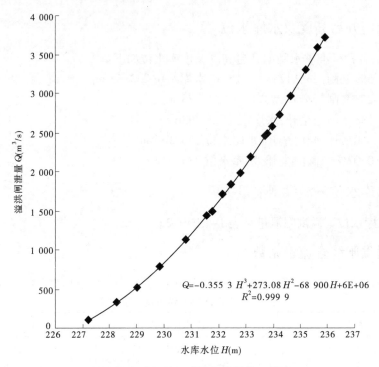

图 1-2 水库水位—溢洪闸泄量关系曲线

表 1-5 溢洪闸综合流量系数测试结果

序号	水库水位 （m）	溢洪闸泄量 （m³/s）	堰上水深 （m）	测试断面流速 （m/s）	综合流量 系数
1	227. 228	101. 5	0. 990	0. 87	0. 305
2	228. 284	328. 6	1. 968	1. 79	0. 331
3	229. 016	525. 7	2. 608	2. 34	0. 336
4	229. 874	787. 2	4. 298	2. 65	0. 353
5	230. 810	1 129. 8	4. 070	3. 06	0. 366
6	231. 614	1 447. 7	4. 852	3. 44	0. 357
7	231. 740	1 489. 4	4. 862	3. 41	0. 367
8	232. 172	1 687. 1	5. 338	3. 65	0. 358
9	232. 490	1 830. 8	5. 570	3. 83	0. 362
10	232. 784	1 974. 2	5. 882	3. 94	0. 359
11	233. 222	2 196. 5	6. 226	4. 12	0. 365
12	233. 684	2 460. 3	6. 804	4. 30	0. 358
13	233. 780	2 497. 0	6. 903	3. 76	0. 372
14	233. 936	2 567. 0	7. 003	4. 31	0. 359
15	234. 212	2 727. 4	7. 204	4. 37	0. 366
16	234. 656	2 973. 5	7. 718	4. 51	0. 360
17	235. 166	3 312. 0	8. 130	4. 79	0. 366
18	235. 652	3 589. 0	8. 520	4. 76	0. 374
19	235. 880	3 690. 5	8. 776	4. 58	0. 375

表 1-5 中综合流量系数根据宽顶堰公式按下式推求

$$m = \frac{Q}{BH_0^{3/2}\sqrt{2g}} \tag{1-2}$$

式中　m——溢洪闸综合流量系数；

　　　Q——溢洪闸过流量，$\mathrm{m^3/s}$；

　　　B——溢洪闸闸室（堰）净宽，为 72 m；

　　　H_0——堰上水头，$H_0 = h + \dfrac{v^2}{2g}$；

　　　h——测试断面（0−032.5）水深 −0.5 m（溢洪闸底板与测试断面高差）；

　　　v——测试断面（0−032.5）流速，m/s。

1.4.4　不同鼻坎挑射角挑距与出水渠水流情况

在挑流坎后岩石不开挖，洪水标准 5%、2% 情况下，鼻坎挑射角 15°、19°、21.5°挑距测试结果见表 1-6 ~ 表 1-8。

表 1-6　挑距测试结果（挑射角 15°，现状情况）

洪水标准	挑距（m）				
	左	左 1/2	中间	右 1/2	右
$P = 5\%$	17.8	16.2	16.8	12.0	10.8
$P = 2\%$	18.0	18.0	18.0	18.0	19.2

注：挑距量测为挑流坎外缘至水舌入水面外缘处，下同。

表 1-7　挑距测试结果（挑射角 19°，现状情况）

洪水标准	挑距（m）				
	左	左 1/2	中间	右 1/2	右
$P = 5\%$	17.1	17.4	19.8	14.4	10.8
$P = 2\%$	21.0	21.0	21.0	21.0	21.6

表 1-8　挑距测试结果（挑射角 21.5°，现状情况）

洪水标准	挑距（m）				
	左	左 1/2	中间	右 1/2	右
$P = 5\%$	21.0	20.4	21.6	18.0	18.0
$P = 2\%$	27.0	27.0	27.0	27.0	25.8

在挑流坎后岩石不开挖，洪水标准 5%、2% 情况下，鼻坎挑射角 15°、19°、21.5°出水渠冲坑后部分断面水深、水位、流速测试结果见表 1-9 ~ 表 1-14。

表 1-9　$P = 5\%$ 部分测试断面水深、水位、流速测试结果（挑射角 15°）

桩号	水深（m）			水位（m）			流速（m/s）		
	左	中	右	左	中	右	左	中	右
0 + 220	2.99	1.84	1.64	213.694	212.542	212.344	3.40	1.43	1.13
0 + 250	2.48	1.96	1.36	212.838	212.316	211.722	4.24	1.47	0.19
0 + 280	2.29	1.81	1.95	212.472	211.992	212.130	4.29	2.20	0.67

表 1-10　$P = 5\%$ 部分测试断面水深、水位、流速测试结果（挑射角 19°）

桩号	水深（m）			水位（m）			流速（m/s）		
	左	中	右	左	中	右	左	中	右
0 + 220	2.77	1.90	1.20	213.472	212.596	211.900	3.15	1.26	1.27
0 + 250	2.42	2.27	1.87	212.784	212.634	212.226	3.90	1.89	0.16
0 + 280	1.91	1.69	1.96	212.094	211.866	212.136	1.75	1.75	0.31

表 1-11　$P = 5\%$ 部分测试断面水深、水位、流速测试结果（挑射角 21.5°）

桩号	水深（m）			水位（m）			流速（m/s）		
	左	中	右	左	中	右	左	中	右
0 + 220	2.80	2.23	1.16	213.496	212.932	211.864	3.38	1.34	0.95
0 + 250	2.58	2.23	1.61	212.940	212.592	211.974	4.22	1.20	0.19
0 + 280	2.38	1.88	2.02	212.562	212.058	212.202	4.26	2.11	0.58

表 1-12　$P = 2\%$ 部分测试断面水深、水位、流速测试结果（挑射角 15°）

桩号	水深（m）			水位（m）			流速（m/s）		
	左	中	右	左	中	右	左	中	右
0 + 220	8.10	6.79	5.51	218.800	217.492	216.208	4.26	5.97	2.93
0 + 250	7.00	7.21	6.24	217.362	217.572	216.600	6.33	5.86	2.27
0 + 280	7.79	6.68	7.07	217.968	216.864	217.254	6.27	5.36	1.84

表 1-13　$P = 2\%$ 部分测试断面水深、水位、流速测试结果（挑射角 19°）

桩号	水深（m）			水位（m）			流速（m/s）		
	左	中	右	左	中	右	左	中	右
0 + 220	8.21	6.63	5.68	218.908	217.330	216.376	4.73	5.36	2.71
0 + 250	7.22	6.37	6.52	217.584	216.732	216.876	6.16	5.93	3.47
0 + 280	7.45	7.32	7.07	217.626	217.500	217.248	5.92	5.11	2.54

表 1-14　$P=2\%$ 部分测试断面水深、水位、流速测试结果(挑射角 21.5°)

桩号	水深(m)			水位(m)			流速(m/s)		
	左	中	右	左	中	右	左	中	右
0+220	8.69	7.08	5.53	219.388	217.780	216.232	5.45	6.51	4.26
0+250	7.13	6.84	6.14	217.488	217.200	216.504	6.66	4.90	4.55
0+280	6.85	6.84	6.70	217.026	217.020	216.876	6.06	3.82	3.78

1.4.5　起挑流量

控制水库水位 232.8 m(兴利水位)情况下,经测试,挑流鼻坎起挑流量为 110 m³/s,闸门开启高度 0.11 m,挑距 4.8~6.0 m。

1.4.6　挑距、冲坑情况

挑射角 19°,坎后岩石开挖至高程 214.0 m,各洪水标准情况下,挑距、冲坑范围及冲坑最大深度见表 1-15~表 1-17,冲坑后堆积物高程测试结果见表 1-18。

表 1-15　挑距测试结果(挑射角 19°)

洪水标准	挑距(m)				
	左	左 1/2	中间	右 1/2	右
$P=5\%$	19.8	19.8	19.8	19.8	16.2
$P=2\%$	21.6	21.6	21.6	21.6	21.6
$P=1\%$	22.2	23.1	23.1	23.1	23.1
$P=0.05\%$	24.0	25.2	25.2	25.2	25.2
$P=0.02\%$	22.8	24.0	24.0	24.0	24.0

表 1-16　冲坑范围测试结果(挑射角 19°)

洪水标准	冲坑距离鼻坎(m)									
	左		左 1/2		中间		右 1/2		右	
	内沿	外沿	内沿	外沿	内沿	外沿	内沿	外沿	内沿	外沿
$P=5\%$										
$P=2\%$	12.6	42.3	18.0	42.0	15.6	36	15.6	41.4	14.2	35.4
$P=1\%$	14.4	48.0	15.0	47.4	13.8	46.2	14.4	45.6	11.4	37.8
$P=0.05\%$	15.0	51.6	15.0	49.2	18.0	52.8	16.8	52.8	16.8	48.0
$P=0.02\%$	13.8	53.4	10.8	50.4	14.2	48.0	10.8	49.2	14.2	45.6

表 1-17　冲坑最大深度测试结果（挑射角 19°）

标准	冲坑最大深度（m）									
	左		左 1/2		中间		右 1/2		右	
	距离	深度	距离	深度	距离	深度	距离	深度	距离	深度
$P=5\%$	21	2.4			21	3.6				
$P=2\%$	26.4	4.87	33.6	7.79	30.6	6.90	31.2	6.61	25.8	5.02
$P=1\%$	25.0	5.8	31.8	7.3	33.6	7.0	30.6	7.12	25.2	5.58
$P=0.05\%$	34.8	6.21	32.4	8.57	10.8	10.47	30.0	6.97	30.0	5.51
$P=0.02\%$	31.2	6.6	30.0	9.6	30.0	8.37	31.2	8.66	31.2	5.82

注：距离是指距鼻坎水平距离，左岸冲坑深以高程 212.0 m 计算，其余按高程 214.0 m 计算。

表 1-18　冲坑后堆积物高程测试结果（挑射角 19°）

标准	堆积物高程（m）				
	左	左 1/2	中间	右 1/2	右
$P=5\%$					
$P=2\%$	215.83	215.52	214.59	214.62	215.64
$P=1\%$	215.88	215.13	216.54	214.90	215.00
$P=0.05\%$	216.59	215.70	216.53	214.20	214.97
$P=0.02\%$	218.44	217.48	217.72	215.51	214.73

1.4.6.1　挑距

从表 1-15 可以看到，各洪水标准水流的挑距沿挑流坎基本均匀，相同流量下各点挑距相差不大，其中 20 年一遇洪水左岸挑距大，右岸挑距小，其原因是该标准洪水坎后基本未形成冲坑。其余洪水标准左岸挑距小，原因是左岸为弯道，冲坑产生的堆积物使左岸水面壅高，而本测量的挑距为从水面算起。该原因也使 5 000 年一遇洪水测量的挑距比 2 000 年一遇洪水小。另外，5 000 年一遇洪水标准由于挑流坎后水面壅高，挑泄水流补气不足，影响水流挑射距离。

1.4.6.2　冲坑范围

20 年一遇洪水情况下，未形成连续的冲坑，仅在左边和中间部位局部形成冲坑。

从表 1-16 看到，50 年一遇洪水冲坑范围为 12.6 ~ 42.3 m（自鼻坎算起，下同），100 年一遇洪水冲坑范围为 14.4 ~ 48.0 m，2 000 年一遇洪水冲坑范围为 15.0 ~ 52.8 m，5 000 年一遇洪水冲坑范围为 10.8 ~ 53.4 m。

1.4.6.3　冲坑最大深度

从表 1-17 看到，冲坑最大深度为 2.4 ~ 10.47 m。其中，$P=5\%$ 冲坑最大深度 3.6 m；$P=2\%$ 冲坑最大深度 7.79 m，$P=1\%$ 冲坑最大深度 7.3 m，$P=0.05\%$ 冲坑最大深度 10.47 m，$P=0.02\%$ 冲坑最大深度 9.6 m。

1.4.6.4　冲坑后堆积物

冲坑形成的堆积物 50 年一遇洪水、100 年一遇洪水大都堆积在 0 + 190 断面,2 000 年一遇洪水和 5 000 年一遇洪水部分堆积物堆积至 0 + 210 断面。$P = 2\%$ 最大堆积物高程 215.83 m,$P = 1\%$ 最大堆积物高程 216.54 m,$P = 0.05\%$ 最大堆积物高程 216.59 m,$P = 0.02\%$ 最大堆积物高程 218.44 m。

1.4.7　各种标准洪水水位、水深、流速测试结果

挑射角 19°,坎后岩石开挖至高程 214.0 m 情况下,各洪水标准各测试断面的水深、水位、流速测试结果见表 1-19 ~ 表 1-23。表中 0 + 160 断面和 0 + 190 断面右侧为冲坑,仅测量水位、流速。

表 1-19　$P = 5\%$　各测试断面水深、水位、流速测试结果(挑射角 19°)

桩号	水深(m)			水位(m)			流速(m/s)		
	左	中	右	左	中	右	左	中	右
0 - 054.9	8.02	8.27	8.02	233.322	233.568	233.316	0.81	0.84	0.69
0 - 032.5	7.88	7.97	7.87	233.484	233.568	233.466	1.02	0.94	0.99
0 - 017.5	7.58	7.51	7.44	233.678	233.606	233.540	0.82	0.84	1.01
0 + 000	0.82	0.57	0.86	226.916	226.670	226.964	10.00	5.15	10.03
0 + 030	1.05	0.84	0.77	226.950	226.740	226.668	9.98	8.44	9.10
0 + 060	0.61	0.90	0.80	226.306	226.600	226.504	8.31	8.06	9.12
0 + 093.6	0.85	0.89	0.90	226.346	226.394	226.400	7.59	7.88	7.70
0 + 105	0.61	0.74	0.56	224.262	223.388	224.208	9.44	10.45	11.74
0 + 125.91	0.64	0.76	0.53	218.472	218.592	218.358	11.64	13.45	10.92
0 + 129.75	0.68	0.60	0.57	218.878	218.800	218.770	10.73	10.69	9.82
0 + 160				214.120	215.548	214.510			
0 + 190	4.29	1.39		214.238	212.336		1.98	2.51	
0 + 220	2.75	2.07	0.83	213.448	212.770	211.534	4.49	2.14	3.38
0 + 250	2.55	1.94	1.35	212.910	212.304	211.710	4.98	4.34	0.32
0 + 280	2.17	2.09	1.87	212.352	212.274	212.052	5.69	4.35	1.36
0 + 310	1.71	1.82	2.13	211.670	211.784	212.090	6.11	4.42	0.50

表 1-20　$P=2\%$　各测试断面水深、水位、流速测试结果（挑射角 19°）

桩号	水深（m）			水位（m）			流速（m/s）		
	左	中	右	左	中	右	左	中	右
0－054.9	7.69	7.45	7.94	232.986	232.746	234.238	3.51	3.15	2.37
0－032.5	7.48	7.55	7.18	233.076	233.154	232.776	4.37	3.40	3.50
0－017.5	7.28	7.43	6.54	233.384	233.534	232.640	4.53	3.45	4.53
0＋000	3.92	3.34	4.45	230.024	229.442	230.552	7.41	6.42	7.61
0＋030	3.34	3.31	3.42	229.236	229.206	229.320	9.31	9.34	9.01
0＋060	3.59	4.10	3.11	229.288	229.804	228.814	9.14	8.55	9.21
0＋093.6	3.02	2.83	3.00	228.524	228.332	228.500	9.38	9.75	9.74
0＋105	2.62	2.63	2.89	225.266	225.278	225.536	11.20	10.80	11.58
0＋125.91	2.44	2.05	2.39	220.272	219.882	220.224	14.44	14.67	14.76
0＋129.75	2.00	1.94	2.17	220.198	220.138	220.372	14.51	14.80	16.03
0＋160				221.056	218.566	217.276	4.13	2.45	4.22
0＋190	7.57	5.66		218.522	216.608	217.294	4.95	7.14	4.90
0＋220	8.11	6.47	5.55	218.806	217.174	216.250	4.98	6.24	3.57
0＋250	7.36	6.46	6.39	217.716	216.822	216.750	6.96	5.91	2.79
0＋280	7.35	6.86	6.80	217.530	217.044	216.978	6.80	4.69	2.19
0＋310	6.51	7.10	7.28	216.470	217.058	217.244	7.81	4.78	1.65

表 1-21　$P=1\%$　各测试断面水深、水位、流速测试结果（挑射角 19°）

桩号	水深（m）			水位（m）			流速（m/s）		
	左	中	右	左	中	右	左	中	右
0－054.9	7.62	8.15	8.11	232.920	233.448	233.412	3.70	3.45	2.71
0－032.5	7.47	7.77	7.27	233.070	233.370	232.872	4.78	3.98	4.16
0－017.5	6.84	7.53	6.74	232.940	233.630	232.844	5.23	3.75	5.03
0＋000	4.14	4.03	4.22	230.240	230.126	230.318	8.33	8.22	8.03
0＋030	4.27	3.36	3.52	229.170	229.260	229.422	9.37	9.33	9.08
0＋060	3.45	4.23	3.47	229.150	229.930	229.168	9.17	8.72	9.28
0＋093.6	3.11	2.90	2.99	228.608	228.398	228.488	9.65	10.08	9.15
0＋105	2.92	2.78	3.07	225.572	225.428	225.722	12.05	11.60	11.16
0＋125.91	2.31	2.06	2.67	220.140	219.894	220.500	14.68	15.15	14.52
0＋129.75	2.31	2.07	2.15	220.510	220.270	220.354	14.77	14.79	15.72
0＋160				221.440	219.826	216.040	4.13	2.45	4.22
0＋190	8.58	5.53		219.530	216.476	216.802	4.12	6.62	
0＋220	8.39	6.59	5.57	219.094	217.288	216.268	4.98	5.63	3.30
0＋250	7.56	6.90	6.65	217.920	217.260	217.008	6.76	5.99	1.49
0＋280	7.30	7.18	7.01	217.476	217.362	217.194	6.51	5.92	1.73
0＋310	7.77	7.28	7.39	217.730	217.244	217.352	7.30	5.54	1.02

表 1-22　$P=0.05\%$　各测试断面水深、水位、流速测试结果(挑射角 19°)

桩号	水深(m)			水位(m)			流速(m/s)		
	左	中	右	左	中	右	左	中	右
0-054.9	8.58	9.48	9.46	233.880	234.780	234.762	4.31	3.78	2.56
0-032.5	8.31	8.92	8.66	233.910	234.522	234.258	5.45	4.49	4.39
0-017.5	7.91	9.00	7.99	234.014	235.100	234.092	5.89	3.99	5.22
0+000	5.02	5.02	4.54	231.122	231.116	230.636	6.66	8.68	8.78
0+030	3.97	4.26	4.29	229.872	230.160	230.190	6.13	9.64	9.63
0+060	3.95	5.08	4.28	229.654	230.776	229.978	9.77	9.56	9.96
0+093.6	3.94	3.80	3.82	229.442	229.298	229.322	9.81	10.60	9.90
0+105	4.27	3.35	3.30	225.920	225.998	225.950	11.21	11.79	11.80
0+125.91	3.03	3.79	4.20	220.860	221.622	221.034	14.70	15.12	15.32
0+129.75	2.64	2.29	2.72	220.840	220.492	220.924	15.51	15.92	15.99
0+160				221.392	219.694	218.164	4.13	2.45	4.22
0+190	10.21	11.49		221.162	222.440	219.082	5.90	7.12	4.90
0+220	9.58	9.03	6.71	220.282	219.730	217.414	6.73	5.26	3.92
0+250	8.50	8.40	7.92	218.856	218.760	218.280	7.70	6.27	3.91
0+280	9.67	8.60	8.34	219.852	218.778	218.520	6.87	5.01	4.23
0+310	8.02	9.23	8.90	217.982	219.188	218.858	8.13	6.37	2.26

表 1-23　$P=0.02\%$　各测试断面水深、水位、流速测试结果(挑射角 19°)

桩号	水深(m)			水位(m)			流速(m/s)		
	左	中	右	左	中	右	左	中	右
0-054.9	9.25	9.91	9.99	234.546	235.212	235.290	5.09	3.66	2.56
0-032.5	8.62	9.39	9.05	234.216	234.990	234.654	5.73	4.31	4.23
0-017.5	8.52	9.39	8.32	234.620	235.490	234.422	5.46	4.21	5.11
0+000	5.52	5.36	5.74	231.616	231.458	231.836	7.75	7.93	8.67
0+030	4.62	4.12	4.55	230.520	230.016	230.454	10.53	10.01	9.56
0+060	4.28	5.17	3.85	229.978	230.866	229.552	10.48	9.90	9.95
0+093.6	3.79	3.80	3.61	229.286	229.298	229.106	10.35	9.71	10.19
0+105	3.46	3.48	3.73	226.106	226.130	226.376	12.46	12.67	12.91
0+125.91	3.10	2.95	3.44	220.926	220.782	221.274	14.68	14.23	15.11
0+129.75	2.62	2.62	2.87	220.822	220.816	221.074	16.90	17.00	16.81
0+160				222.196	219.706	219.256	4.13	2.45	4.22
0+190	10.06	9.42		221.006	220.370	220.030	5.95	7.28	
0+220	11.08	8.01	6.70	221.782	218.710	217.396	5.79	5.93	6.70
0+250	9.90	7.81	8.05	220.260	218.172	218.412	7.37	6.00	3.40
0+280	9.83	8.99	9.00	220.014	219.168	219.180	7.41	4.89	3.62
0+310	9.36	9.41	9.10	219.320	219.374	219.062	8.45	5.01	2.89

1.4.8　水流情况

1.4.8.1　闸前

在各种洪水标准情况下,闸前进水渠段水流平稳、均匀,进入闸孔的水流基本均匀。

1.4.8.2　闸室段

出闸水流基本平稳、均匀。

1.4.8.3　泄槽段

受闸室中墩影响,该段水流出现棱形波,但水流基本平稳、均匀。该段水流流速较大,在 $P=5\%$ 情况下,流速为 5.15~13.45 m/s;在 $P=2\%$ 情况下,流速为 6.42~14.67 m/s;在 $P=1\%$ 情况下,流速为 8.22~15.15 m/s;在 $P=0.05\%$ 情况下,流速为 6.66~15.99 m/s;在 $P=0.02\%$ 情况下,流速为 7.75~15.11 m/s。

1.4.8.4　挑流段

挑流坎挑射水流基本均匀,除 5 000 年一遇洪水坎下补气不足外,其余洪水标准坎下补气情况较好。各洪水标准情况下鼻坎上各点水流挑距相差不大。

1.4.8.5　出水渠段

在弯道横向环流的作用下,出水渠主流偏向左岸,左岸流速明显大于右岸,水流不均匀,20 年一遇洪水情况下,偏流最为明显。自 0+250 断面以后,水流接近均匀。

超过 20 年一遇洪水时,冲坑形成的堆积物,使出冲坑后的水流形成跌落,加剧了出水渠水流的不均匀性,特别是在大流量下,出水渠内形成较大的波浪。

1.5　结论与建议

1.5.1　结论

根据本次水工模型试验结果,对雪野水库除险加固溢洪道工程的初步设计得到以下结论:

(1)溢洪道工程总体规划设计基本合理,设计选用的各部尺寸基本合适。

(2)在闸门全开,溢洪闸自由泄流情况下,实测 $P=2\%$ 洪水标准水库水位 233.78 m,高于设计计算水位 233.65 m;实测 $P=1\%$ 洪水标准水库水位 233.936 m,高于设计计算水位 233.80 m;实测 $P=0.05\%$ 洪水标准水库水位 235.166 m,低于设计计算水位 235.23 m;实测 $P=0.02\%$ 洪水标准水库水位 235.652 m,低于设计计算水位 235.73 m。$P=2\%$、$P=1\%$ 两种情况下实测水库水位高于设计计算值较少(0.13~0.136 m)。因此,溢洪闸泄洪能力满足要求,坝顶高程满足设计和校核情况下的防洪要求。

(3)溢洪闸前进水渠水流基本均匀、平稳,进闸水流基本均匀,因此进水渠边墙及与坝连接设计形式合理,水流条件较好。受闸墩影响,溢洪道泄槽水流形成明显的棱形状,但比较均匀。挑流坎水流基本均匀,各洪水标准情况下鼻坎上各点水流挑距基本相同。

(4)通过对挑射角 15°、19°、21.5°三种情况下鼻坎水流挑射距离的测试结果看,增加挑射角对挑流和鼻坎补气有利,挑射角大则水流挑射距离大。其中,挑射角 21.5°情况下鼻坎挑射水流最为理想,挑射水流形成明显的抛物线状,而挑射角 15°情况下挑射水流较平。

(5)通过对挑射角 15°、19°、21.5°且鼻坎后岩石不开挖三种情况出水渠水流观测,溢洪道泄量超过 20 年一遇洪水标准时,坎后岩石对溢洪道出水渠泄量影响不大,但在 20 年及以下标准小流量情况下,因不能形成冲坑,坎后岩石对溢洪道泄量有一定影响,使出水渠水流偏向左岸,水流不均匀。

(6)20 年一遇洪水标准,控制水库水位 233.65 m,闸门开启高度 1.15 m。

(7)在控制水库水位为兴利水位 232.8 m、挑射角 19°情况下,闸门开启高度 0.11 m,挑流坎起挑流量 110 m³/s,挑距 4.8 ~ 6.0 m。

(8)20 年一遇及以下标准小流量情况下,不形成较大范围连续的冲坑,仅在中间和左岸局部形成冲坑。50 年一遇洪水冲坑范围自鼻坎后 12.6 ~ 42.3 m,冲坑最大深度 7.79 m,发生在左岸,最大堆积物高程 215.83 m,发生在左岸;100 年一遇洪水冲坑范围自鼻坎后 11.4 ~ 48.0 m,最大冲坑深度 7.3 m,发生在左岸,最大堆积物高程 216.54 m,发生在左岸;冲坑发展至左岸边墙,对边墙基础产生冲刷。

(9)出水渠水流受弯道影响,0 + 250 以上断面左岸水深大于右岸,河道水流主流在左岸,左岸流速明显大于右岸。在 50 年一遇(溢洪道设计标准)洪水标准情况下,0 + 250 ~ 0 + 310 断面左岸流速为 6.84 ~ 7.89 m/s,将对边墙基础造成冲刷。

(10)根据对闸前 0 - 032.5 断面 19 组数据的测试,本工程溢洪道综合流量系数为 0.3 ~ 0.375,测试的综合流量系数大部分符合水库水位升高综合流量系数增加的规律。

对 19 组观测数据,以堰上水深为自变量进行统计分析,得到溢洪闸综合流量系数经验公式为

$$m = \frac{h}{2.6455h + 0.6568} \tag{1-3}$$

式中　m——溢洪闸综合流量系数;

　　　　h——堰上水深,为 0 - 032.5 断面的水深 - 0.5 m(溢洪闸底板与护坦的高差)。

式(1-3)相关系数为 $R = 0.953$,由该式计算的 19 组流量系数与实测值比较,误差为 - 2.54% ~ 2.63%,一般规律为:堰上水深小(6.0 m 以下),计算得到的综合流量系数偏大,堰上水深大(6.0 m 以上),计算得到的综合流量系数偏小。

(11)综合消能效果。根据实测闸前 0 - 032.5 与冲坑后 0 + 220 两个断面的水深、流速,计算溢洪道挑流综合消能效果:洪水标准 $P = 5\%$,综合消能效果为 89.1%;洪水标准 $P = 2\%$,综合消能效果为 65%;洪水标准 $P = 1\%$,综合消能效果为 65.5%;洪水标准 $P = 0.05\%$,综合消能效果为 59.5%;洪水标准 $P = 0.02\%$,综合消能效果为 57.5%。消能效果较好。

1.5.2　建议

根据模型试验结果,对雪野水库除险加固溢洪道工程的初步设计提出以下建议:

(1)从测试结果看,挑流鼻坎挑射角虽然 21.5°最好,但鼻坎高程比 15°增加 0.39 m、挑流坎后移 1.16 m,工程量增加较多。因此,建议鼻坎挑射角为 19°,反弧半径不变,鼻坎高程 218.41 m,挑流坎后移 0.67 m。

（2）鉴于鼻坎后岩石在小流量情况下对出水渠水流产生偏流影响，根据起挑流量挑距4.8～6.0 m，建议对鼻坎后岩石开挖，开挖范围为自鼻坎 5 m 以外，开挖高程为214.00 m。

（3）鼻坎挑射水流形成的冲坑对出水渠左岸边墙稳定产生影响，建议采取相应工程措施。受弯道横向环流的影响，出水渠主流偏向左岸，使左岸水流流速较大，对出水渠左岸河底产生冲刷，建议采取相应工程措施，确保左岸边墙安全。

第 2 章　光明水库溢洪道水工模型试验

2.1　概　述

根据《新泰市光明水库除险加固工程可行性研究报告》,工程设计情况简介如下。

2.1.1　工程概况

光明水库位于山东省新泰市中部小协镇大汶河南支柴汶河支流光明河上,控制流域面积 134 km²。流域呈阔叶状,为浅山区和丘陵区,山区面积占 30%。光明水库是一座以防洪为主,兼顾农业灌溉、城市供水、水产养殖等综合利用的大(2)型水库。总库容 1.04 亿 m³,水库兴利水位 176.85 m,兴利库容 0.53 亿 m³,死水位 166.06 m,死库容 0.028 亿 m³。

2.1.2　工程等级及设计标准

2.1.2.1　工程等级及建筑物级别

依据《水利水电工程等级划分及洪水标准》(SL 252—2000),光明水库枢纽工程建筑物等别为 Ⅱ 等,大坝、溢洪道、放水洞等主要建筑物级别为 2 级,次要建筑物为 3 级。

2.1.2.2　防洪标准

依据《防洪标准》(GB 50201—94),光明水库防洪标准为:正常运用(设计)洪水标准为 100 年一遇($P = 1\%$),非常运用(校核)洪水标准为 5 000 年一遇($P = 0.02\%$)。依据《溢洪道设计规范》(SL 253—2000),溢洪道消能防冲标准为 50 年一遇洪水设计($P = 2\%$)。

2.1.3　洪水调节计算结果

光明水库洪水调节计算结果见表 2-1、表 2-2。

2.1.4　溢洪道工程设计概况

采用保留原溢洪道进水渠,在进水渠中部开挖梯形子槽并护砌,调整跨越子槽的原益虹桥下部结构,新建溢洪闸,调整闸后泄槽坡度、宽度及消能方式。如图 2-1 所示。

2.1.4.1　进水渠

0 - 480 ~ 0 - 028 为进水渠,长 452 m。进水渠底宽为 80.0 m,底高程为 175.45 ~ 175.5 m,测量桩号 YX0 + 127 向上游 115 m(中泓线距离)为 C15 素混凝土护底。益虹桥

表 2-1　　光明水库洪水调节计算结果（控泄）

洪水标准	库水位 （m）	库容 （亿 m³）	溢洪道 控泄流量 （m³/s）	溢洪道 自由泄流流量 （m³/s）	说明
$P = 5\%$	177.94	6 669	60		
$P = 2\%$	178.34	7 116	88		
$P = 1\%$	178.69	7 505	88		起调水位为 176.85 m
$P = 0.05\%$	180.23	9 420		504	
$P = 0.02\%$	180.67	10 001		559	

表 2-2　　光明水库洪水调节计算结果（自由泄流）

洪水标准	库水位 （m）	库容 （亿 m³）	溢洪道 控泄流量 （m³/s）	溢洪道 自由泄流流量 （m³/s）	说明
$P = 5\%$	177.57	6 276		212	
$P = 2\%$	177.92	6 654		247	
$P = 1\%$	178.2	6 953		274	起调水位为 176.85 m
$P = 0.05\%$	179.9	8 995		464	
$P = 0.02\%$	180.32	9 543		516	

（交通桥）位于测量桩号 YX0 +014 处,12 孔单跨 7.4 m,单孔净跨 6.6 m,下部结构为两根 ϕ800 mm 钢筋混凝土柱,柱轴线距 4.6 m。进水渠开挖子槽,渠底高程 173.45 m,底宽 26.4 m,梯形断面,边坡 1:1.5。拆除子槽内益虹桥中段 6 跨,子槽内新建 2 孔单跨 13.0 m 装配式板桥。

2.1.4.2　闸室

0 - 028 ~ 0 + 000 为溢洪道闸室段,长 28 m,溢洪闸前为上游铺盖,长 15.0 m,C20 钢筋混凝土护底。铺盖底板高程 173.45 m,两岸弧形翼墙为新建 C20 钢筋混凝土 L 墙,墙顶高程 181.0 m。闸室长 13 m,宽 26.4 m,为 3 孔 C20 钢筋混凝土大底板结构。单孔净宽 8.0 m,共 3 孔,中墩厚 1.2 m,闸底板高程 173.45 m。

2.1.4.3　泄槽

设计桩号 0 + 000 ~ 0 + 070 段:泄槽底板为 C20 钢筋混凝土结构,顺水流方向每 10.0 m 长设结构缝。泄槽内开挖子槽,子槽底宽 26.4 m,长 50 m,梯形断面,边坡 1:1.5,底坡

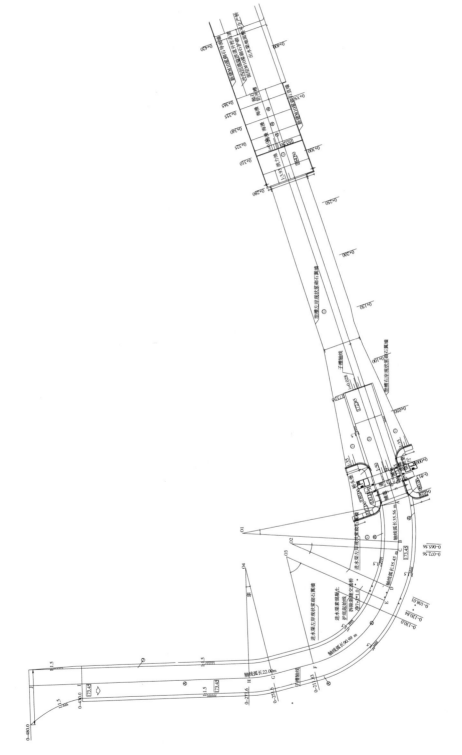

图 2-1　光明水库溢洪道平面布置图　（单位：m）

1:50,底高程自 173.45 m 降至 172.45 m。子槽后接 C25 钢筋混凝土一级消力池,池长 30.0 m,池底高程 172.45 m,池深 0.9 m。在桩号 0 +080 处一级消力池末池顶与该断面泄槽底板齐平,高程为 173.35 m。闸后子槽两侧泄槽底坡 1:35。两岸弧形翼墙为新建 C25 钢筋混凝土 L 墙,墙顶高程 181.0 m。

设计桩号 0 +080 ~ 0 +280 段:泄槽底板为 C20 钢筋混凝土结构,顺水流方向每 10.0 m 长设结构缝。底板下设纵横向排水。泄槽底宽维持现状。泄槽底坡 0.028(1:35.7),在桩号 0 +280 处槽底高程 167.57m,该处做 C20 钢筋混凝土防冲梁,宽 1.0 m,深 3.0 m,长 47.0 m。原两岸边墙为浆砌石结构,基本完好。

设计桩号 0 +280 ~ 0 +310 段:该段为二级消力池,其形式为综合式。0 +280 ~ 0 +292.8(长 12.8 m)为 1:4 陡坡,后接 17.2 m 长消力池。池底高程 164.5 m,坎顶高程 166.0 m,池深 1.5 m(其中坎高 0.5 m),宽 45.0 m。消力池底板为 C20 钢筋混凝土结构,边墙为浆砌石结构。

2.1.4.4　出水渠

设计桩号 0 +310 ~ 0 +650 段为出水渠,出水渠底宽 45 m。右岸渠底开挖,边墙为 1:1.5 自然开挖;左岸渠底冲沟回填,原左岸边墙拆除,新建 M10 浆砌石挡土直墙。渠底整平后底坡 1:0.02。

2.2　模型设计与制作

2.2.1　模型试验任务

2.2.1.1　模型试验任务

通过水工模型试验,验证溢洪道系统的泄流能力、水流流态及消能效果,并针对存在的问题提出修改方案,为溢洪道加固改造提供设计依据。模型试验任务为:①验证溢洪道系统的泄流能力、水流流态及消能效果,对进水渠段和闸前流态予以重点关注;②测试水库水位—溢洪闸泄量关系曲线;③测试溢洪闸过流综合流量系数;④验证消力池的消能效果;⑤提供宣泄不同标准洪水时的泄槽水面线,以核定泄槽两岸边墙的墙顶高程,测量各种频率洪水时闸门不同开启高度、溢洪道系统的水面线、流速分布等;⑥对闸门控制运用提出建议;⑦对设计方案提出修改意见。

2.2.1.2　模型试验范围

根据本工程水工模型试验任务,结合本工程实际情况,本次水工模型试验范围为:从光明水库溢洪道闸前进水渠开始到出水渠,主要建筑物包括闸室、泄槽、消力池。

2.2.2　模型设计

2.2.2.1　相似准则

本模型试验主要研究溢洪闸过水能力、溢洪道水流流态和消能情况。根据水流特点,为重力起主要作用的水流。因此,本模型试验按重力相似准则进行模型设计,同时保证模型水流流态与原型水流流态相似。

2.2.2.2　模型类别

根据模型试验任务和模型试验范围,本模型选用正态、定床整体模型。

2.2.2.3　模型比尺

根据模型试验范围和整体模型试验要求,结合试验场地和设备供水能力,选定模型长度比尺 $L_r = 80$,其他各物理量比尺为

流量比尺: $Q_r = 80^{2.5} = 57\,243$;

流速比尺: $V_r = 80^{1/2} = 8.944$;

糙率比尺: $n_r = 80^{1/6} = 2.076$;

时间比尺: $T_r = 80^{1/2} = 8.944$。

2.2.2.4　模型布置

模型试验在专用的模型试验池内进行。根据工程平面布置图和各部尺寸,按 1:80 的几何比尺将试验范围内的溢洪道工程(0 - 480 ~ 0 + 650)及部分大坝、进水渠首部部分地形等布置在模型池内。

2.2.2.5　模型材料选用

模型材料根据原型工程实际材料和糙率,按糙率比尺选用。原型混凝土或钢筋混凝土工程,糙率 0.015,模型用有机玻璃板。原型浆砌块石工程,糙率 0.022 5,模型用塑料板。原型出水渠渠底,糙率 0.030,模型用细水泥砂浆抹面。

2.2.2.6　模型流量

根据流量比尺及原型流量,计算得到各洪水标准模型流量见表 2-3。

表 2-3　各洪水标准模型流量

洪水标准	水库水位(m)	原型流量(m³/s)	模型流量(m³/s)	闸门运用
$P = 5\%$	177.94	60	0.001 048	控制泄量
$P = 2\%$	178.34	88	0.001 537	控制泄量
$P = 1\%$	178.69	88	0.001 537	控制泄量
$P = 0.05\%$	180.23	504	0.008 805	闸门全开
$P = 0.02\%$	180.67	559	0.009 765	闸门全开
$P = 2\%$	177.92	247	0.004 315	闸门全开

2.2.3　模型制作

为确保水工模型试验精度,模型制作严格按模型设计和《水工(常规)模型试验规程》(SL 155—95)要求进行。闸室段、泄槽和挑流段由木工按模型设计尺寸整体制作,精度控制在误差 ±0.2 mm 以内。制作完成后在模型池内进行安装,高程误差控制在 ±0.3 mm 以内。其他段在模型池内现场制作。制作时,模型尺寸用钢尺量测,建筑物高程误差控制在 ±0.3 mm 以内。地形的制作先用土夯实,上面用水泥砂浆抹面 1 ~ 2 cm。地形高程误差控制在 ±2.0 mm 以内,平面距离误差控制在 ±5 mm 以内。

2.3　模型测试

2.3.1　模型测试方案

根据模型试验任务,本次模型试验设计了以下测试方案。

2.3.1.1　消力池设计参数确定

在溢洪道消能防冲设计洪水标准2%情况下测试一、二级消力池能否发生淹没水跃及消力池后水流情况,检验消力池设计池深、池长。

2.3.1.2　水库水位—溢洪闸泄量关系

量测不同水库水位下的溢洪闸泄量。

2.3.1.3　溢洪闸过流综合流量系数

以水库、闸前0－28为测试断面,测试断面水深、流速,用宽顶堰流量公式计算溢洪闸过流综合流量系数。

2.3.1.4　溢洪道水深、水位、流速

根据确定的消力池参数,测试以下方案:

(1)$P=5\%$,溢洪闸泄洪60 m³/s,库水位177.94 m。模型放水流量0.001 048 m³/s,控制库水位达到设计要求,量测闸门开启高度及各断面的水深、流速。

(2)$P=2\%$,溢洪闸泄洪88 m³/s,库水位178.34 m。模型放水流量0.001 537 m³/s,控制库水位达到设计要求,量测闸门开启高度及各断面的水深、流速。

(3)$P=1\%$,溢洪闸泄洪88 m³/s,库水位178.69 m。模型放水流量0.001 537 m³/s,控制库水位达到设计要求,量测闸门开启高度及各断面的水深、流速。

(4)$P=0.05\%$,溢洪闸泄洪504 m³/s。模型放水流量0.008 805 m³/s,闸门全开,量测相应库水位及各断面的水深、流速。

(5)$P=0.02\%$,溢洪闸泄洪559 m³/s。模型放水流量0.009 765 m³/s,闸门全开,量测相应库水位及各断面的水深、流速。

(6)$P=2\%$,溢洪闸泄洪247 m³/s。模型放水流量0.004 315 m³/s,闸门全开,量测相应库水位及各断面的水深、流速。

2.3.2　测试断面设计

根据河道水文断面测量规范的要求,结合本次模型试验任务,本试验共设计了20个测试断面,各断面设计了左(岸边)、中、右(岸边)三条测垂线,测试断面见表2-4。

表2-4　测试断面设计

序号	桩号	位置	河底高程(左/右)(m)
1	0－400	进水渠	173.45(175.168/175.408)
2	0－300	进水渠	173.45(175.64/175.32)
3	0－200	进水渠	173.45(175.352/175.08)

续表 2-4

序号	桩号	位置	河底高程(左/右)(m)
4	0 - 100	进水渠	173. 45(175. 704/175. 456)
5	0 - 028	闸前铺盖	173. 45
6	0 - 013	闸室前沿	173. 45
7	0 + 000	闸室后沿	173. 45
8	0 + 015	泄槽	173. 15(175. 21/175. 21)
9	0 + 050	一级消力池始	172. 45(174. 21/174. 21)
10	0 + 065	一级消力池中	172. 45(173. 78/173. 78)
11	0 + 080	一级消力池末(池顶)	173. 35
12	0 + 123. 81	泄槽收缩段末	172. 12
13	0 + 150	泄槽	171. 39
14	0 + 200	泄槽	169. 99
15	0 + 280	泄槽	167. 75
16	0 + 292. 8	二级消力池始	164. 50
17	0 + 310	二级消力池末(坎顶)	166. 0
18	0 + 400	出水渠	163. 70
19	0 + 500	出水渠	161. 70
20	0 + 600	出水渠	159. 70

2.4　试验成果

本次模型试验取得了以下试验成果。

2.4.1　闸门开启高度及水库水位

经测试,各种标准洪水闸门开启高度及水库水位如下:

(1) $P = 5\%$ 。闸门开启高度 0. 46 m,水库水位 177. 94 m。

(2) $P = 2\%$ 。闸门开启高度 0. 69 m,水库水位 178. 34 m。

(3) $P = 1\%$ 。闸门开启高度 0. 64 m,水库水位 178. 69 m。

(4) $P = 0.05\%$ 。闸门全开,水库水位 180. 042 m。

(5) $P = 0.02\%$ 。闸门全开,水库水位 180. 434 m。

(6) $P = 2\%$ 。闸门全开,水库水位 177. 73 m。

2.4.2　水库水位—溢洪闸泄量关系

不同水库水位下溢洪闸泄量见表 2-5、图 2-2,不同闸前(0 - 028)水位下溢洪闸泄量见表 2-6、图 2-3。

表 2-5　水库水位—溢洪闸泄量关系

序号	水库水位(m)	溢洪闸泄量(m³/s)
1	175.834	39.4
2	175.994	59.9
3	176.162	87.9
4	176.346	108.9
5	176.578	139.1
6	177.034	179.4
7	177.354	212.3
8	177.69	246.9
9	178.13	288.9
10	178.402	322.5
11	179.394	437.3
12	180.042	504
13	180.21	527.6
14	180.434	559
15	181.266	656.9

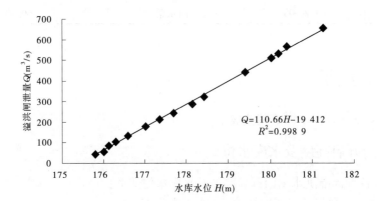

图 2-2　水库水位—溢洪闸泄量关系

表 2-6　闸前水位—溢洪闸泄量关系

序号	闸前水位(m)	溢洪闸泄量(m³/s)	闸前水位降落(m)
1	174.535	39.4	1.299
2	174.799	59.9	1.195
3	175.218	87.9	0.944
4	175.549	108.9	0.797
5	175.866	139.1	0.712
6	176.37	179.4	0.664

续表 2-6

序号	闸前水位（m）	溢洪闸泄量（m³/s）	闸前水位降落（m）
7	176.679	212.3	0.675
8	177.021	246.9	0.669
9	177.362	288.9	0.768
10	177.618	322.5	0.784
11	178.479	437.3	0.915
12	179.043	504	0.999
13	179.181	527.6	1.029
14	179.423	559	1.011
15	179.973	656.9	1.293

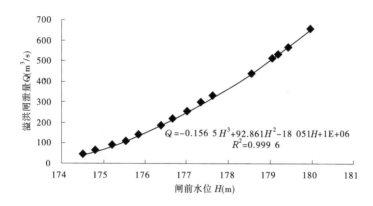

图 2-3　闸前水位—溢洪闸泄量关系

2.4.3　溢洪闸综合流量系数

2.4.3.1　水库水位—溢洪闸综合流量系数

闸门全开、溢洪闸自由泄流情况下，水库水位—溢洪闸综合流量系数测试结果见表 2-7。

表 2-7　水库水位—溢洪闸综合流量系数测试结果

序号	水库水位（m）	溢洪闸泄量（m³/s）	堰上水深（m）	综合流量系数
1	175.834	39.4	2.384	0.101
2	175.994	59.9	2.544	0.139
3	176.162	87.9	2.712	0.185
4	176.346	108.9	2.896	0.208
5	176.578	139.1	3.128	0.237

续表 2-7

序号	水库水位 （m）	溢洪闸泄量 （m³/s）	堰上水深 （m）	综合流量 系数
6	177.034	179.4	3.584	0.249
7	177.354	212.3	3.904	0.259
8	177.690	246.9	4.24	0.266
9	178.130	288.9	4.68	0.269
10	178.402	322.5	4.952	0.275
11	179.394	437.3	5.944	0.284
12	180.042	504.0	6.592	0.280
13	180.210	527.6	6.76	0.283
14	180.434	559.0	6.984	0.285
15	181.266	656.9	7.816	0.283

2.4.3.2　闸前水位—溢洪闸综合流量系数

闸门全开、溢洪闸自由泄流情况下，闸前水位—溢洪闸综合流量系数测试结果见表 2-8。

表 2-8　闸前水位—溢洪闸综合流量系数测试结果

序号	闸前水位 （m）	溢洪闸泄量 （m³/s）	堰上水深 （m）	测试断面流速 （m/s）	综合流量 系数
1	174.535	39.4	1.085	1.29	0.293
2	174.799	59.9	1.349	1.72	0.307
3	175.218	87.9	1.768	2.063	0.296
4	175.549	108.9	2.099	2.193	0.286
5	175.866	139.1	2.416	2.007	0.309
6	176.370	179.4	2.920	2.375	0.294
7	176.679	212.3	3.229	2.536	0.298
8	177.021	246.9	3.571	2.921	0.290
9	177.362	288.9	3.912	3.07	0.295
10	177.618	322.5	4.168	3.134	0.301
11	178.479	437.3	5.029	3.527	0.305
12	179.043	504.0	5.593	3.4	0.309
13	179.181	527.6	5.731	3.711	0.304
14	179.423	559.0	5.973	3.63	0.307
15	179.973	656.9	6.523	4.03	0.310

表 2-7、表 2-8 中综合流量系数根据宽顶堰公式按式（1-2）推求。

2.4.4　消力池水跃情况

原设计消力池各洪水标准情况下,一级、二级消力池水跃及池后水流测试结果见表2-9。

表2-9　消力池水跃及池后水流测试结果(原设计)

标准	一级		二级	
	水跃情况	水流情况	水跃情况	水流情况
$P=5\%$(控泄)	淹没水跃	出池后泄槽水流不均匀,呈X状	淹没水跃	池内两侧水流形成旋涡,池后出水渠水流不均匀,呈X状
$P=2\%$(控泄)	淹没水跃		淹没水跃	
$P=1\%$(控泄)	淹没水跃		淹没水跃	
$P=0.05\%$(自由泄流)	淹没水跃		远驱水跃	
$P=0.02\%$(自由泄流)	淹没水跃		远驱水跃	
$P=2\%$(自由泄流)	淹没水跃		远驱水跃	

原设计 $P=2\%$、$P=1\%$ 二级消力池及出水渠各断面的水深、水位、流速测试结果见表2-10、表2-11。

表2-10　$P=2\%$ 各测试断面水深、水位、流速测试结果(原设计—控泄)

桩号	水深(m)			水位(m)			流速(m/s)		
	左	中	右	左	中	右	左	中	右
0+280	0.57	0.58	0.67	168.318	168.334	168.422	4.45	6.33	4.44
0+292.8	2.5	2.19	2.19	166.996	166.692	166.692	0.58	1.99	0.54
0+310	0.51	1.1	0.93	166.512	167.104	166.928	0.95	3	3.04
0+400	0.51	0.59	0.5	164.212	164.292	164.196	4.43	3.68	3.04
0+500	0.54	0.5	0.42	162.244	162.204	162.116	4.71	4.54	3.44
0+600	0.5	0.46	0.55	160.196	160.164	160.252	4.45	4.34	4.47

注:表中左、右测点为溢洪道左、右岸边,中为溢洪道中心线,下同。

表2-11　$P=1\%$ 各测试断面水深、水位、流速测试结果(原设计—控泄)

桩号	水深(m)			水位(m)			流速(m/s)		
	左	中	右	左	中	右	左	中	右
0+280	0.48	0.55	0.58	168.23	168.302	168.326	4.46	5.85	5.55
0+292.8	2.22	1.78	1.94	166.724	166.284	166.436	0.63	2.61	1.1
0+310	0.73	1.05	0.91	166.228	166.548	166.412	1.21	2	2.55
0+400	0.45	0.57	0.48	164.148	164.268	164.18	3.69	4.01	4.31
0+500	0.57	0.55	0.39	162.268	162.252	162.092	4.41	4.04	4.37
0+600	0.44	0.47	0.53	160.14	160.172	160.228	4.71	4.11	4.03

2.4.5 各种标准洪水水位、水深、流速测试结果

原设计二级消力池池内和池后水流出现不均匀情况,其原因主要是消力池设计宽度(45 m)大于泄槽宽度(35 m),进入池中的水流扩散脱壁。针对该情况,为改善二级消力池水流情况,对原设计二级消力池进行了修改。修改后的消力池宽度与泄槽宽度(35 m)相同,池长由17.2 m增加到18 m,池深不变,池后用扭曲面(右)、斜面(左)与出水渠边墙连接。

修改设计后,各洪水标准下各测试断面的水深、水位、流速测试结果见表2-12~表2-17。

表2-12　P=5% 各测试断面水深、水位、流速测试结果(控泄)

桩号	水深(m)			水位(m)			流速(m/s)		
	左	中	右	左	中	右	左	中	右
0-400	2.62	4.62	2.33	177.784	178.074	177.736			
0-300	2.15	4.38	2.42	177.792	177.834	177.744			
0-200	2.40	4.41	2.71	177.752	177.858	177.792			
0-100	2.06	4.42	2.26	177.768	177.866	177.672		0.33	
0-028	4.38	4.25	4.20	177.834	177.698	177.650	0.52	0.50	0.46
0-013	4.23	4.27	4.38	177.682	177.722	177.826	0.62	0.69	0.61
0+000	0.48	0.34	0.82	173.930	173.794	174.266	5.83	7.49	5.63
0+015	0.58	0.42	0.43	175.786	173.566	175.642	5.33	7.00	7.39
0+050	0.13	1.72	0.09	174.338	174.170	174.298		1.57	
0+065	0.48	1.85	0.43	173.860	174.298	173.812		2.42	
0+080	0.75	0.86	0.92	174.102	174.214	174.270	0.85	2.13	1.20
0+123.81	0.42	0.46	0.58	172.544	172.584	172.704	3.92	2.80	3.13
0+150	0.17	0.53	0.29	171.558	171.918	171.678	2.92	2.60	3.81
0+200	0.39	0.38	0.38	170.382	170.366	170.366	3.77	3.09	3.39
0+280	0.40	0.44	0.50	168.150	168.190	168.246	4.09	3.64	3.60
0+292.8	2.10	2.17	2.14	166.596	166.668	166.636	1.38	2.04	1.75
0+310.8	0.87	0.75	0.80	166.872	166.752	166.800	2.53	2.16	2.70
0+400	0.45	0.42	0.42	164.148	164.116	164.124	3.43	2.20	2.60
0+500	0.43	0.44	0.30	162.132	162.140	161.996	3.13	2.72	3.02
0+600	0.38	0.38	0.44	160.076	160.076	160.140	3.69	3.00	2.53

表 2-13　*P* = 2%　**各测试断面水深、水位、流速测试结果(控泄)**

桩号	水深(m)			水位(m)			流速(m/s)		
	左	中	右	左	中	右	左	中	右
0 − 400	3.85	5.14	2.90	179.016	178.586	178.304			
0 − 300	2.64	4.92	3.10	178.280	178.370	178.416			
0 − 200	2.98	4.94	3.23	178.328	178.386	178.312			
0 − 100	2.56	4.92	2.83	178.264	178.370	178.240		0.29	
0 − 028	4.76	4.82	4.88	178.210	178.274	178.330	0.81	0.81	0.72
0 − 013	4.84	4.66	4.79	178.290	178.106	178.242	0.63	0.90	0.92
0 + 000	0.62	0.45	0.51	174.074	173.898	173.962	6.68	7.40	5.63
0 + 015	0.58	0.58	0.64	175.794	173.726	175.850	5.93	9.22	5.75
0 + 050	1.76	1.86	1.86	175.970	174.314	176.074	0.58	3.96	0.48
0 + 065	1.98	2.20	1.95	175.364	174.650	175.332	0.62	3.69	1.13
0 + 080	1.06	1.27	0.85	174.414	174.622	174.198	2.59	2.54	1.89
0 + 123.81	0.66	0.58	0.81	172.776	172.704	172.928	4.83	2.97	4.86
0 + 150	0.36	0.77	0.43	171.750	172.158	171.822	5.41	4.96	4.54
0 + 200	0.54	0.48	0.58	170.526	170.470	170.566	6.37	5.67	3.59
0 + 280	0.57	0.58	0.67	168.318	168.334	168.422	4.45	6.33	4.44
0 + 292.8	1.83	1.98	2.16	166.332	166.484	166.660	2.10	2.66	2.42
0 + 310.8	0.96	0.90	0.70	166.960	166.904	166.704	2.60	3.12	3.09
0 + 400	0.57	0.56	0.54	164.268	164.260	164.236	4.29	3.22	2.94
0 + 500	0.50	0.49	0.36	162.204	162.188	162.060	3.92	3.43	4.69
0 + 600	0.48	0.46	0.50	160.180	160.164	160.204	4.05	3.26	3.09

表 2-14　*P* = 1%　**各测试断面水深、水位、流速测试结果(控泄)**

桩号	水深(m)			水位(m)			流速(m/s)		
	左	中	右	左	中	右	左	中	右
0 − 400	3.54	5.48	3.26	178.712	178.720	178.672			
0 − 300	3.06	5.28	3.33	178.704	178.648	178.648			
0 − 200	2.94	5.28	3.14	178.288	178.656	178.224			
0 − 100	2.93	5.34	3.20	178.632	178.736	178.656		0.37	
0 − 028	5.10	5.10	5.20	178.546	178.554	178.650	0.71	0.72	0.65
0 − 013	4.99	5.07	5.05	178.442	178.522	178.498	0.69	0.83	0.86
0 + 000	0.57	0.46	0.90	174.018	173.914	174.346	5.52	5.31	5.59
0 + 015	0.40	0.56	0.64	175.610	173.710	175.850	6.46	5.33	7.10
0 + 050	1.68	1.86	1.77	175.890	174.314	175.978	0.54	4.36	0.50
0 + 065	1.73	1.98	1.82	175.108	174.426	175.204	0.49	4.24	1.26
0 + 080	0.94	1.37	1.10	174.286	174.718	174.454	0.22	2.89	1.06
0 + 123.81	0.61	0.45	0.74	172.728	172.568	172.864	4.22	3.30	4.50
0 + 150	0.31	0.76	0.41	171.702	172.150	171.798	5.55	5.29	5.42
0 + 200	0.49	0.58	0.54	170.478	170.574	170.534	4.93	5.12	4.80
0 + 280	0.48	0.55	0.58	168.230	168.302	168.326	4.46	5.85	5.55
0 + 292.8	2.08	2.21	2.17	166.580	166.708	166.668	2.02	2.81	2.68
0 + 310.8	0.66	1.30	1.15	166.656	167.304	167.152	2.94	3.26	2.83
0 + 400	0.57	0.66	0.62	164.268	164.356	164.324	4.88	3.71	4.35
0 + 500	0.62	0.60	0.45	162.316	162.300	162.148	4.93	4.73	4.33
0 + 600	0.53	0.57	0.57	160.228	160.268	160.268	4.56	4.13	4.63

表 2-15　$P=0.05\%$　各测试断面水深、水位、流速测试结果（自由泄流）

桩号	水深（m）			水位（m）			流速（m/s）		
	左	中	右	左	中	右	左	中	右
0－400	4.66	6.39	4.47	179.824	179.842	179.880	0.32	1.41	0.21
0－300	4.06	6.61	4.50	179.704	180.058	179.816	0.31	1.72	0.96
0－200	4.26	6.43	4.10	179.608	179.882	179.184	0.88	1.57	0.77
0－100	3.90	6.38	4.33	179.600	179.834	179.736	1.31	1.48	1.02
0－028	5.30	5.75	5.73	178.746	179.202	179.178	3.36	3.25	3.59
0－013	5.06	5.46	5.22	178.506	178.914	178.674	4.18	3.96	4.00
0＋000	3.27	3.22	3.26	176.722	176.666	176.706	6.82	6.52	6.68
0＋015	2.06	2.32	2.10	177.266	175.470	177.306	7.23	7.27	7.75
0＋050	1.42	2.23	1.35	175.634	174.682	175.562	0.54	7.84	0.88
0＋065	1.66	3.43	1.60	175.044	175.882	174.980	1.82	5.76	2.32
0＋080	2.32	3.02	2.39	175.670	176.366	175.742	1.02	6.45	0.82
0＋123.81	2.26	2.65	2.10	174.376	174.768	174.216	6.87	6.49	6.46
0＋150	1.50	1.72	1.46	172.895	173.110	172.854	7.32	8.50	7.34
0＋200	1.52	2.36	1.59	171.510	172.350	171.582	8.48	8.94	8.58
0＋280	1.57	2.06	1.82	169.318	169.806	169.574	9.10	10.42	9.22
0＋292.8	1.40	1.81	1.27	165.900	166.308	165.772	10.80	11.30	10.92
0＋310.8	2.61	2.14	2.60	168.608	168.136	168.600	3.72	8.05	6.18
0＋400	1.62	1.33	1.72	165.316	165.028	165.420	7.39	9.30	7.64
0＋500	1.58	1.36	1.52	163.284	163.060	163.220	8.58	9.69	8.80
0＋600	1.45	1.34	1.50	161.148	161.036	161.204	8.56	9.18	8.24

表 2-16　$P=0.02\%$　各测试断面水深、水位、流速测试结果（自由泄流）

桩号	水深（m）			水位（m）			流速（m/s）		
	左	中	右	左	中	右	左	中	右
0－400	5.21	7.02	4.90	180.376	180.474	180.312	1.08	1.42	0.54
0－300	4.58	6.88	4.98	180.224	180.330	180.304	0.91	1.85	0.90
0－200	5.26	6.84	4.79	180.608	180.290	179.872	0.89	1.68	0.77
0－100	4.17	6.84	4.76	179.872	180.290	180.168	1.31	1.40	1.05
0－028	5.69	6.13	6.10	179.138	179.578	179.554	3.68	3.51	3.70
0－013	5.45	5.86	5.84	178.898	179.314	179.290	4.45	4.20	4.45
0＋000	3.61	3.41	3.59	177.058	176.859	177.042	6.77	6.92	6.91
0＋015	2.34	2.84	2.18	177.554	175.990	177.386	8.06	7.62	8.02
0＋050	1.52	2.03	1.38	175.730	174.482	175.586	0.84	8.25	0.71
0＋065	1.86	3.54	1.77	175.244	175.994	175.148	1.55	6.63	1.65
0＋080	2.46	3.31	2.61	175.814	176.662	175.958	1.07	5.81	0.89
0＋123.81	2.22	3.68	2.23	174.336	175.800	174.352	6.59	6.53	7.50
0＋150	1.85	2.38	1.60	173.238	173.774	172.990	7.10	8.96	8.03
0＋200	1.66	2.56	1.62	171.654	172.550	171.606	8.35	9.00	8.82
0＋280	1.65	1.97	1.74	169.398	169.718	169.486	10.14	10.42	9.78
0＋292.8	1.43	1.87	1.40	165.932	166.372	165.900	10.77	11.20	11.17
0＋310.8	3.06	2.04	2.58	169.056	168.040	168.584	6.07	9.32	7.12
0＋400	1.74	1.49	2.01	165.444	165.188	165.708	8.18	9.50	7.80
0＋500	1.82	1.56	1.60	163.524	163.260	163.300	7.41	9.55	8.56
0＋600	1.60	1.31	1.63	161.300	161.012	161.332	8.79	9.37	8.65

表 2-17　$P=2\%$　各测试断面水深、水位、流速测试结果(自由泄流)

桩号	水深(m)			水位(m)			流速(m/s)		
	左	中	右	左	中	右	左	中	右
0-400	2.08	4.21	2.27	177.248	177.658	177.680		1.55	
0-300	2.13	4.02	1.77	177.768	177.474	177.088	1.23	1.85	0.82
0-200	1.97	4.05	2.25	177.320	177.498	177.328	1.00	1.40	0.54
0-100	1.44	3.95	1.91	177.144	177.402	177.320	1.01	1.36	0.82
0-028	3.42	3.55	3.57	176.874	177.002	177.018	2.98	2.87	2.65
0-013	3.13	3.31	3.27	176.578	176.762	176.722	3.60	3.10	3.61
0+000	1.86	2.25	1.36	175.314	175.698	174.810	5.45	5.16	5.33
0+015	1.33	1.94	1.32	176.538	175.086	176.530	6.17	5.80	6.36
0+050	0.74	3.78	0.81	174.954	176.234	175.018	0.46	4.29	0.84
0+065	1.05	2.83	1.13	174.428	175.282	174.508	1.61	5.96	1.75
0+080	1.66	2.07	1.86	175.014	175.422	175.214	0.93	4.41	1.06
0+123.81	1.36	2.16	1.33	173.480	174.280	173.448	5.61	6.06	6.12
0+150	1.20	1.36	0.84	172.590	172.750	172.230	6.82	7.51	7.64
0+200	1.06	1.22	0.99	171.046	171.214	170.982	7.87	8.19	8.32
0+280	0.99	0.89	0.93	168.742	168.638	168.678	8.71	8.90	8.36
0+292.8	0.74	0.86	0.77	165.236	165.364	165.268	6.85	10.40	8.56
0+310.8	1.26	2.48	1.33	167.256	168.480	167.328	2.85	4.99	2.89
0+400	0.98	1.37	1.05	164.684	165.068	164.748	6.68	5.93	7.30
0+500	1.04	1.05	0.87	162.740	162.748	162.572	7.41	6.55	7.47
0+600	0.78	0.82	0.97	160.484	160.524	160.668	7.02	7.39	7.12

2.4.6　水流情况

2.4.6.1　进水渠

在各种洪水标准情况下,闸前进水渠段水流平稳、均匀,水流流速较小。

2.4.6.2　闸室段

进、出闸水流基本平稳、均匀。

2.4.6.3　0+000～0+050 段

该段为泄槽。受闸室中墩影响,该段水流出现棱形波,但水流基本平稳、均匀。该段水流大都集中在子河槽,河滩水深较浅,流速较小。

2.4.6.4　0+050～0+080 段

该段为一级消力池,各种洪水标准情况下,均发生淹没水跃。

2.4.6.5　0+080~0+280 段

该段为泄槽。因 0+015~0+080、0+080~0+123.81 为收缩段,加之上游子泄槽消力池影响,0+080~0+250 段水流在泄槽内依次形成两段明显的 X 状水流,使泄槽水流不均匀。0+250 后的泄槽段水流基本均匀。

2.4.6.6　0+280~0+310.8 段

该段为二级消力池。修改设计后的二级消力池在控泄($P=5\%$、2%、1%)和自由泄流($P=2\%$)情况下池内均发生淹没水跃。入池、出池水流基本均匀。

2.4.6.7　出水渠段

0+310.8 后为出水渠段。由于二级消力池后出水渠底宽增加到 45 m,水流出池后形成扩散,至生产桥 0+420 断面水流基本均匀。

2.5　结论与建议

2.5.1　结论

根据本次水工模型试验结果,对光明水库除险加固溢洪道工程的初步设计得到以下结论:

(1)溢洪道工程总体规划设计基本合理,设计选用的各部尺寸基本合适。

(2)在闸门全开,溢洪闸自由泄流情况下,实测洪水标准 $P=2\%$ 水库水位 177.73 m,低于设计计算水位 177.92 m;实测洪水标准 $P=0.05\%$ 水库水位 180.042 m,低于设计计算水位 180.23 m;实测洪水标准 $P=0.02\%$ 水库水位 180.434 m,低于设计计算水位 180.67 m。因此,溢洪闸泄洪能力满足设计计算要求,坝顶高程满足设计和校核情况下的防洪要求。

(3)溢洪闸前进水渠水流基本均匀、平稳,进闸水流基本均匀。因此,进水渠设计形式合理,水流条件较好。

(4)闸后采用子槽、一级消力池与下游泄槽连接,从水流情况和过闸能力分析,确保了出闸水流为自由泄流。

(5)受泄槽收缩等的影响,溢洪道泄槽 0+080~0+250 段水流形成两段明显的 X 状水流,但进入二级消力池前的水流基本均匀。

(6)原设计二级消力池满足 $P=2\%$ 设计标准控泄池内发生淹没水跃的要求,但不满足 $P=2\%$ 设计标准溢洪闸自由泄流情况下池内发生淹没水跃的要求。而且,由于进入池后水流扩散,池内两侧水流形成回流,出池水流不均匀,致使二级消力池水流条件差。修改二级消力池后上述问题得到了较好的解决。

(7)由于进水渠水流流速较小,进水渠闸前益虹桥桥墩对进闸水流基本无影响。出水渠 0+420 处的生产桥对出水渠水流影响不大。

(8)在溢洪闸控制泄流($P=5\%$、2%、1%)情况下,由于溢洪道泄量较小,溢洪道单宽流量小,泄槽和出水渠水流流速较小,出水渠不会产生冲刷。但在溢洪闸自由泄流($P=2\%$、0.05%、0.02%)情况下,由于溢洪道泄量加大,泄槽和出水渠水流流速较大,将对出水渠产生冲刷。

（9）本工程进水渠长度较大，进闸水位降落较大，降低了溢洪闸过流能力。溢洪闸综合流量系数按水库水位测算为 0.101 ~ 0.285，按闸前（0 - 028）水位测算为 0.290 ~ 0.310。基本规律为水位升高，综合流量系数加大。

（10）由于出水渠底坡较陡，出水渠水流流速较大。洪水标准 $P = 5\%$（控泄），流速为 2.2 ~ 3.69 m/s；洪水标准 $P = 2\%$（控泄），流速为 2.94 ~ 4.89 m/s；洪水标准 $P = 2\%$（自由泄流），流速为 5.93 ~ 7.47 m/s；洪水标准 $P = 1\%$（控泄），流速为 3.71 ~ 4.93 m/s；洪水标准 $P = 0.05\%$（自由泄流），流速为 7.39 ~ 9.69 m/s；洪水标准 $P = 0.02\%$（自由泄流），流速为 7.41 ~ 9.55 m/s。

（11）综合消能效果。根据实测闸前 0 - 028 与二级消力池后 0 + 400 两个断面的水深、流速，计算溢洪道综合消能效果。洪水标准 $P = 5\%$（控泄），综合消能效果为 94.2%；洪水标准 $P = 2\%$（控泄），综合消能效果为 91.9%；洪水标准 $P = 2\%$（自由泄流），综合消能效果为 75.2%；洪水标准 $P = 1\%$（控泄），综合消能效果为 70.9%；洪水标准 $P = 0.05\%$（自由泄流），综合消能效果为 69.2%；洪水标准 $P = 0.02\%$（自由泄流），综合消能效果为 66.9%。消能效果较好。

2.5.2　建议

根据模型试验结果，对光明水库除险加固溢洪道工程的初步设计提出以下建议：

（1）因溢洪道进水渠水流流速较小，溢洪道闸前现有的益虹桥对溢洪道泄流影响不大，该桥可以保留，但要做好桩基础的保护工程。

（2）二级消力池建议池长增加 0.8 m，池长为 18 m，池宽与泄槽等宽（35 m），池深不变。在有条件的情况下，二级消力池与出水渠尽量对称连接。

（3）0 + 015 ~ 0 + 080 子泄槽外泄槽内水深、流速较小，可降低该段子泄槽外槽底护砌标准。

（4）由于出水渠底坡为陡坡，致使水流流速较大，而该段河底抗冲能力较低，因此为降低水流流速，建议尽可能放缓出水渠底坡或增加防冲设施。

第3章　牟山水库溢洪道水工模型试验

3.1　概　述

根据《安丘市牟山水库除险加固工程可行性研究报告》,工程设计情况简介如下。

3.1.1　工程概况

牟山水库位于安丘市西6.0 km,位于潍河支流汶河中游,是一座以防洪为主,兼顾灌溉、城市供水、发电等综合利用的大(2)型水库。水库控制流域面积1 262 km²,水库总库容3.08亿 m³,兴利库容1.205亿 m³。水库主要包括大坝,溢洪道,南、北放水洞,电站等工程。

3.1.2　工程等级及设计标准

3.1.2.1　工程等级及建筑物级别

根据《水利水电工程等级划分及洪水标准》(SL 252—2000)的规定,牟山水库除险加固工程等别为Ⅱ等,主要建筑物为2级(包括大坝、溢洪闸、放水洞等),次要建筑物为3级,临时建筑物为4级。

3.1.2.2　防洪标准

根据《防洪标准》(GB 50201—94),鉴于牟山水库的重要性,确定水库设计洪水标准为100年一遇,校核洪水标准为5 000年一遇。

根据《溢洪道设计规范》(SL 253—2000),牟山水库消能防冲洪水标准为:50年一遇洪水设计,100年一遇洪水校核。

3.1.3　洪水调节计算成果

牟山水库洪水调节计算结果见表3-1。

表3-1　牟山水库洪水调节计算结果

名称	单位	数量	说明
正常蓄水位	m	78.0	库容14 007 m³
20年一遇洪水位	m	78.22	$P = 5\%$
相应最大泄流量	m³/s	1 600	库容14 739 m³
50年一遇洪水位	m	79.06	$P = 2\%$
相应最大泄流量	m³/s	1 600	库容17 528 m³

续表 3-1

名称	单位	数量	说明
设计洪水位	m	79.06	$P = 1\%$
相应最大泄流量	m³/s	3 930	库容 17 528 m³
校核洪水位	m	81.54	$P = 0.02\%$
相应最大泄流量	m³/s	6 502	库容 27 391 m³
1 000 年一遇洪水位	m	80.41	$P = 0.1\%$
相应最大泄流量	m³/s	5 571	库容 22 651 m³
2 000 年一遇洪水位	m	80.83	$P = 0.05\%$
相应最大泄流量	m³/s	5 904	库容 24 303 m³

3.1.4　溢洪道工程设计概况

根据《安丘市牟山水库除险加固工程可行性研究报告》,牟山水库溢洪道工程包括进水渠、闸室段、泄槽段、消能段和出水渠等工程,如图 3-1 所示。

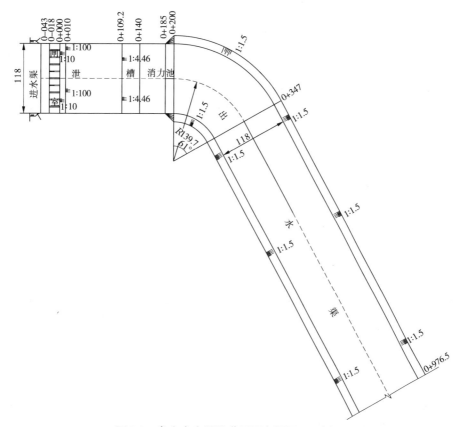

图 3-1　牟山水库溢洪道平面布置图　(单位:m)

3.1.4.1　进水渠

0－043～0－018,长 25 m,分两段。第一段长 10 m,为半径 10 m 的 M10 浆砌石圆弧直翼墙与大坝相连;第二段为钢筋混凝土铺盖,长 15 m,边墙为钢筋混凝土直墙。进水渠为平底,矩形断面,底宽 118 m,底高程 70.00 m,边墙顶高程 82.00 m。

3.1.4.2　闸室段

0－018～0＋000,长 18 m,宽 118 m,净宽 100 m,钢筋混凝土结构。溢洪闸为 10 孔 10 m×8.5 m 弧形钢闸门。除边孔外,其余两孔为一联,中墩设 4 个缝墩,缝墩宽 2.4 m,其余墩宽 1.5 m。中墩上下游为流线型,中墩顶高程 82.0 m,边墩顶高程 83.0 m,闸室底板高程 70.0 m。

3.1.4.3　泄槽段

0＋000～0＋140,长 140 m,矩形断面,宽 118 m,钢筋混凝土结构。泄槽段分三段,闸后依次为:第一段长 10.0 m,底坡 1/10,起点底高程 70.0 m,末端底高程 69.00 m;第二段长 99.2 m,底坡 1/100,起点底高程 69.00 m,末端底高程 68.00 m;第三段长 30.8 m,底坡 1/4.46,起点底高程 68.00 m,末端底高程 61.10 m。

3.1.4.4　消能段

0＋140～0＋185,为消力池,钢筋混凝土结构,池长 45.0 m,宽 118 m,池深 2.5 m,池底高程 61.10 m。

3.1.4.5　出水渠

0＋185～0＋976.5,泄水渠总长 791.5 m,为梯形断面,底宽 118 m,边坡 1∶1.5,底坡 0.001 8,首端高程 63.6 m,末端高程 62.175 m,共分三段。出池后依次为:第一段为扭曲段,长 15 m;第二段为圆弧段,长 147 m,泄水渠中心线半径 139.7 m,圆心角 61°;第三段长 629.5 m,为直段。第一、二段渠底及第一段边坡用浆砌块石护砌,第二、三段渠底为开挖的天然河道,边坡部分用浆砌块石护砌,左岸护砌高度按 100 年一遇洪水设计,右岸按 50 年一遇洪水设计。

3.2　模型设计与制作

3.2.1　模型试验任务

3.2.1.1　模型试验任务

根据《牟山水库除险加固工程溢洪道水工模型试验要求》,本次模型试验的主要任务是:①验证设计的调洪指标;②测试水库水位—溢洪闸泄量关系曲线;③测试溢洪闸过流综合流量系数;④观测溢洪道在不同洪水标准泄流情况下,各段水流流态、水面线及流速分布,分析出水渠的冲刷态势;⑤对消力池设计方案进行比较,提出合理的设计指标;⑥测试消力池前陡坡处的动水压力;⑦根据模型试验情况对溢洪道工程设计提出修改意见。

3.2.1.2　模型试验范围

根据模型试验任务,牟山水库溢洪道工程水工模型试验的范围为水库溢洪道进口至溢洪道出水渠,主要建筑物为溢洪闸、泄槽和消力池。

3.2.2　模型设计

3.2.2.1　相似准则

本模型试验主要研究溢洪闸过水能力、溢洪道水流流态和消能情况。根据溢洪道水流为重力起主要作用水流的特点,本模型试验按重力相似准则进行模型设计,同时保证模型水流流态与原型水流流态相似。

3.2.2.2　模型类别

根据模型试验任务和模型试验范围,本模型选用正态、定床、整体模型。

3.2.2.3　模型比尺

根据模型试验范围和整体模型试验要求,结合试验场地和设备供水能力,选定模型长度比尺 $L_r = 80$,其他各物理量比尺为

流量比尺:$Q_r = 80^{2.5} = 57\,243$;

流速比尺:$V_r = 80^{1/2} = 8.944$;

糙率比尺:$n_r = 80^{1/6} = 2.076$;

时间比尺:$T_r = 80^{1/2} = 8.944$。

3.2.2.4　模型布置

根据模型试验任务与要求,牟山水库溢洪道水工模型试验的范围为:溢洪道进水渠至出水渠,包括部分库区、进水渠、闸室段、消能段和出水渠。模型主要建筑物为溢洪闸、泄槽和消力池。模型池尺寸为 6 m × 20 m。建筑物、河道和地形尺寸及高程按几何比尺设计,模型用材料按糙率比尺选择。

3.2.2.5　模型材料选用

根据《牟山水库除险加固工程溢洪道水工模型试验要求》提供的试验参数,混凝土部分糙率为 0.014,浆砌石部分为 0.023,出水渠风化岩石糙率为 0.033,由模型糙率比尺计算模型糙率分别为 0.006 74、0.011、0.015 9。因此,原型钢筋混凝土,模型用有机玻璃板;原型浆砌石,模型用细水泥砂浆抹面压光;原型风化岩石,模型用水泥砂浆抹面。

3.2.3　模型制作

根据水工模型试验要求,为确保水工模型试验精度,模型制作严格按模型设计和《水工(常规)模型试验规程》(SL 155—95)要求进行。

闸室段、泄槽段、消力池由木工按模型设计尺寸整体制作,精度控制在误差 ±0.2 mm 以内。制作完成后在模型池内进行安装,高程误差控制在 ±0.3 mm 以内。出水渠段在模型池内现场制作。制作时,模型尺寸用钢尺量测,建筑物高程误差控制在 ±0.3 mm 以内。

地形的制作先用土夯实,表面用水泥砂浆抹面 1~2 cm。地形高程控制误差在 ±2.0 mm 以内,平面距离误差控制在 ±5 mm 以内。

3.3 模型测试

3.3.1 模型测试方案

根据模型试验任务,本次模型试验测试方案及测试内容如下:

(1)溢洪闸自由泄流时,测试水库水位—溢洪闸泄量关系。

(2)溢洪闸自由泄流、控制泄流时溢洪闸综合流量系数测试。

(3)溢洪道水位、水深、流速测试和水流现象观测。

①$P=5\%$,溢洪道泄洪 1 600 m^3/s,控制水库水位 78.22 m。模型放水流量 0.028 0 m^3/s,测量闸门开启高度,观察溢洪道水流现象。

②$P=2\%$,溢洪道泄洪 1 600 m^3/s,控制水库水位 79.06 m。模型放水流量 0.028 0 m^3/s,测量闸门开启高度及溢洪道测试断面的水位、水深、流速,观察溢洪道水流现象。

③$P=1\%$,溢洪道泄洪 3 930 m^3/s,控制水库水位 79.06 m。模型放水流量 0.068 7 m^3/s,测量闸门开启高度及溢洪道测试断面的水位、水深、流速,观测溢洪道水流现象。

④$P=0.1\%$,溢洪道泄洪 5 571 m^3/s。模型放水流量 0.097 3 m^3/s,测量库水位,观察溢洪道水流现象。

⑤$P=0.05\%$,溢洪闸泄量 5 904 m^3/s。模型放水流量 0.103 m^3/s,测量库水位,观察溢洪道水流现象。

⑥$P=0.02\%$,溢洪道泄洪 6 502 m^3/s。模型放水流量 0.113 6 m^3/s,测量库水位及溢洪道测试断面的水位、水深、流速,观测溢洪道水流现象。

(4)消力池设计参数试验。

3.3.2 测试断面设计

根据模型试验任务,本试验共设计了 18 个测试断面,各断面设计了左、中、右三条测垂线,测试断面位置见表 3-2。

表 3-2 测试断面位置

序号	桩号	位置	底高程(m)
1	0 − 043	进水渠	70.00
2	0 − 033	进水渠	70.00
3	0 − 018	闸进口	70.00
4	0 + 000	闸出口	70.00
5	0 + 010	泄槽	69.00
6	0 + 059.6	泄槽	68.50
7	0 + 109.2	泄槽	68.00
8	0 + 124.6	泄槽陡坡中	64.55

续表 3-2

序号	桩号	位置	底高程(m)
9	0 + 140	消力池始	61.10
10	0 + 162.5	消力池中	61.10
11	0 + 185	消力池末	63.60
12	0 + 200	出水渠扭面末	63.573
13	0 + 273.5	出水渠弯道中	63.441
14	0 + 347	出水渠弯道末	63.308
15	0 + 500	出水渠	63.033
16	0 + 650	出水渠	62.763
17	0 + 800	出水渠	62.493
18	0 + 950	出水渠	62.223

3.3.3　陡坡段动水压力测试

为观测消力池前陡坡段水流的动水压力,本试验在第三陡坡段起点、1/4 处、1/2 处、3/4 处、末端设计了 5 个动水压力测试断面,每个断面在左、中、右三个位置布置了 3 个测点,5 个断面共 15 个测点。

动水压强用测压管观测。测压孔内径为 2 mm,孔口与坡面垂直,测压管用 1 cm 的玻璃管,测压管与测压孔用 2 ~ 3 mm 的塑料管连接。

3.4　试验成果

本次模型试验取得了以下成果。

3.4.1　水库水位及闸门开启高度

经测试,各种标准洪水泄洪时水库水位及闸门开启高度测试结果见表 3-3。

表 3-3　各种标准洪水泄洪时水库水位及闸门开启高度测试结果

序号	洪水标准	溢洪道泄量 (m³/s)	闸门开启高度 (m)	实测水库水位 (m)	设计水库水位 (m)
1	$P = 5\%$	1 600	1.952		78.22
2	$P = 2\%$	1 600	1.880		79.06
3	$P = 1\%$	3 930	6.896		79.06
4	$P = 0.1\%$	5 571	闸门全开	80.944	80.41
5	$P = 0.05\%$	5 904	闸门全开	81.240	80.83
6	$P = 0.02\%$	6 502	闸门全开	81.856	81.54

3.4.2　水库水位—溢洪闸泄量关系

水库水位—溢洪闸泄量关系测试结果见表3-4、图3-2。

表3-4　水库水位—溢洪闸泄量关系测试结果

序号	水库水位(m)	溢洪闸泄量(m³/s)
1	71.856	303.4
2	72.736	583.9
3	73.264	784.2
4	73.840	1 024.6
5	74.576	1 362.4
6	75.184	1 660.0
7	75.912	2 060.7
8	76.440	2 358.4
9	77.408	2 948.0
10	78.232	3 468.9
11	79.256	4 195.9
12	80.072	4 791.2
13	80.880	5 392.3
14	80.944	5 571.0
15	81.280	5 781.5
16	81.736	6 182.2
17	82.064	6 485.6
18	82.376	6 714.6

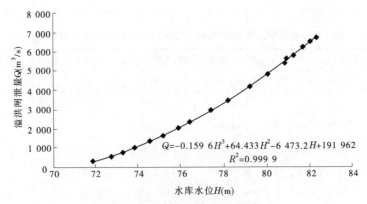

$$Q=-0.159\ 6H^3+64.433H^2-6\ 473.2H+191\ 962$$
$$R^2=0.999\ 9$$

图3-2　水库水位—溢洪闸泄量关系

3.4.3　流量系数

本模型试验对溢洪闸自由出流(闸门全开)情况下的闸室综合流量系数进行了多组测试,测试结果见表3-5。

表 3-5　溢洪闸综合流量系数测试结果

库水位 (m)	流量 (m³/s)	闸门开度	上游水深 H(m)	流速 v (m/s)	综合流量 系数	流态
72.736	583.9	全开	2.232	2.72	0.313	自由堰流
73.264	784.2	全开	2.688	2.97	0.319	自由堰流
73.840	1 024.6	全开	3.216	3.13	0.323	自由堰流
74.576	1 362.4	全开	3.832	3.36	0.333	自由堰流
75.184	1 660.0	全开	4.448	3.55	0.326	自由堰流
75.912	2 060.7	全开	5.152	3.60	0.332	自由堰流
76.440	2 358.4	全开	5.632	3.70	0.334	自由堰流
77.408	2 948.0	全开	6.448	3.98	0.341	自由堰流
78.232	3 468.9	全开	7.208	4.22	0.339	自由堰流
79.256	4 195.9	全开	8.072	4.51	0.347	自由堰流
80.072	4 791.2	全开	8.848	4.56	0.350	自由堰流
80.880	5 392.3	全开	9.592	4.60	0.349	自由堰流
81.280	5 781.5	全开	9.768	4.86	0.359	自由堰流
81.736	6 182.2	全开	10.224	4.90	0.360	自由堰流
82.064	6 485.6	全开	10.576	4.92	0.361	自由堰流
82.376	6 714.6	全开	10.832	4.98	0.360	自由堰流

3.4.4　各种标准洪水水位、水深、流速测试结果

溢洪道泄流50年、100年、5 000年一遇洪水标准情况下,各测试断面的水位、水深、流速测试结果见表3-6～表3-8。

表 3-6　$P=2\%$ 断面水位、水深、流速测试结果

断面	左				中心线				右			
	水位(m)	水深(m)	平均流速(m/s)	最大流速(m/s)	水位(m)	水深(m)	平均流速(m/s)	最大流速(m/s)	水位(m)	水深(m)	平均流速(m/s)	最大流速(m/s)
0-043	78.968	8.968	1.27	1.56	79.192	9.192	1.38	1.43	79.288	9.288	1.48	1.58
0-033	78.800	8.800	1.41	1.86	79.136	9.136	1.45	1.48	79.040	9.040	1.73	1.80
0-018	78.920	8.920	1.30	1.44	79.152	9.152	1.56	1.97	79.128	9.128	1.74	2.18
0+000	71.544	1.544	11.04	11.04	71.456	1.456	11.86	11.86	71.552	1.552	11.06	11.06
0+010	70.520	1.520	11.40	44.40	70.408	1.408	11.34	11.34	70.464	1.464	10.20	10.20
0+059.6	69.636	1.136	10.18	10.18	69.748	1.248	10.31	10.31	69.764	1.264	10.87	10.87
0+109.2	69.176	1.176	9.45	9.45	69.520	1.520	10.07	10.07	69.288	1.288	10.77	10.77
0+124.6	65.380	0.880	10.28	10.28	65.630	1.080	12.54	12.54	65.398	0.848	10.99	10.99
0+140	65.500	4.400	4.06	7.08	65.220	4.120	5.73	8.77	65.228	4.128	6.24	8.42
0+162.5	67.740	6.640	1.04	1.54	67.820	6.720	2.17	2.76	67.692	6.592	1.47	1.70
0+185	67.504	3.904	2.69	2.95	67.816	4.216	4.36	4.67	67.416	3.816	3.96	4.24
0+200	67.213	3.640	2.41	2.46	66.853	3.280	4.00	4.01	67.365	3.792	4.18	4.20
0+273.5	67.169	3.728	2.77	2.78	66.753	3.312	4.48	4.52	65.481	2.040	5.88	5.88
0+347	67.396	4.088	3.60	3.64	66.924	3.616	4.48	4.56	66.188	2.880	0.54	0.58
0+500	66.233	3.200	2.27	2.46	65.713	2.680	5.42	5.43	66.129	3.096	5.33	5.41
0+650	66.043	3.280	2.65	2.78	66.043	3.280	4.40	4.46	66.043	3.280	4.40	4.51
0+800	65.461	2.968	4.53	4.70	65.917	3.424	4.22	4.35	65.733	3.240	3.15	3.21
0+950	64.263	2.040	5.33	5.40	64.911	2.688	4.99	5.10	64.887	2.664	4.22	4.26

表 3-7　P = 1% 断面水位、水深、流速测试结果

断面	左				中心线				右			
	水位 (m)	水深 (m)	平均流速 (m/s)	最大流速 (m/s)	水位 (m)	水深 (m)	平均流速 (m/s)	最大流速 (m/s)	水位 (m)	水深 (m)	平均流速 (m/s)	最大流速 (m/s)
0 − 043	76.912	6.912	6.48	6.82	77.944	7.944	3.97	4.07	78.256	8.256	4.23	4.33
0 − 033	75.192	5.192	2.70	3.10	78.040	8.040	4.06	4.20	77.016	7.016	5.14	5.25
0 − 018	75.664	5.664	3.07	5.74	78.040	8.040	4.56	4.77	77.736	7.736	5.07	5.40
0 + 000	73.288	3.288	7.86	8.01	74.040	4.040	8.66	9.35	74.448	4.448	8.42	8.85
0 + 010	71.328	2.328	9.58	9.58	72.896	3.896	10.20	10.55	72.560	3.560	9.02	9.88
0 + 059.6	71.668	3.168	9.37	9.37	71.532	3.032	10.87	10.87	71.284	2.784	10.70	10.70
0 + 109.2	70.648	2.648	9.61	9.61	70.848	2.848	11.17	11.17	70.928	2.928	10.99	10.99
0 + 124.6	66.750	2.200	11.94	11.94	67.286	2.736	13.71	13.71	66.582	2.032	13.85	13.85
0 + 140	64.836	3.736	13.20	13.20	64.020	2.920	15.05	15.08	63.660	2.560	14.66	14.66
0 + 162.5	70.524	9.424	4.63	6.07	69.532	8.432	4.98	7.80	69.276	8.176	5.39	7.80
0 + 185	70.496	6.896	4.79	5.06	70.568	6.968	5.89	6.75	69.936	6.336	5.52	6.25
0 + 200	70.045	6.472	3.92	4.24	69.237	5.664	6.78	7.03	67.821	4.248	7.63	8.05
0 + 273.5	70.353	6.912	4.14	4.36	69.601	6.160	6.84	8.21	67.177	3.736	7.96	8.05
0 + 347	70.348	7.040	5.61	5.76	69.148	5.840	5.94	6.40	67.508	4.200	2.69	2.85
0 + 500	68.113	5.080	8.36	8.55	68.401	5.368	7.32	7.64	68.217	5.184	2.66	2.87
0 + 650	68.635	5.872	7.03	7.29	68.075	5.312	6.76	7.23	68.307	5.544	3.68	3.88
0 + 800	67.693	5.200	7.61	7.83	68.637	6.144	6.70	7.21	67.901	5.408	4.31	4.41
0 + 950	66.303	4.080	7.67	8.30	67.023	4.800	6.95	6.99	67.095	4.872	5.37	6.50

表 3-8　$P=0.02\%$ 断面水位、水深、流速测试结果

断面	左				中心线				右			
	水位 (m)	水深 (m)	平均流速 (m/s)	最大流速 (m/s)	水位 (m)	水深 (m)	平均流速 (m/s)	最大流速 (m/s)	水位 (m)	水深 (m)	平均流速 (m/s)	最大流速 (m/s)
0-043	77.776	7.776	7.72	7.85	80.464	10.464	5.26	5.33	80.736	10.736	3.70	4.15
0-033	76.408	6.408	6.43	8.45	80.344	10.344	5.31	5.39	78.760	8.760	4.32	4.40
0-018	78.064	8.064	7.90	8.99	80.400	10.400	5.95	6.22	80.352	10.352	5.71	6.01
0+000	75.576	5.576	6.31	6.82	75.664	5.664	6.40	7.44	76.664	6.664	5.74	5.99
0+010	73.392	4.392	6.49	7.14	73.420	4.420	6.20	6.30	74.064	5.064	7.84	7.92
0+059.6	72.612	4.112	11.36	11.49	73.332	4.832	12.26	12.32	72.620	4.120	11.80	12.45
0+109.2	72.040	4.040	11.58	11.80	72.200	4.200	13.12	13.74	71.766	3.766	13.02	13.40
0+124.6	69.950	3.400	15.02	15.04	68.182	3.632	15.64	15.64	68.030	3.400	15.14	15.30
0+140	65.260	4.160	15.01	15.15	64.940	3.840	15.88	16.15	64.700	3.600	15.97	17.13
0+162.5	64.892	3.792	16.25	16.47	64.844	3.744	17.35	17.80	64.692	3.592	16.90	17.14
0+185	70.896	7.296	7.88	9.57	69.800	6.200	10.25	10.85	68.960	5.360	8.73	9.82
0+200	70.573	7.000	5.70	8.53	79.621	16.048	6.10	7.04	74.493	10.920	5.59	8.90
0+273.5	73.761	10.320	4.30	5.13	72.361	8.920	7.11	7.82	68.481	5.040	6.97	7.20
0+347	73.500	10.192	6.67	7.02	71.092	7.784	8.59	9.01	68.524	5.216	1.09	1.16
0+500	68.785	5.752	11.78	12.24	68.433	5.400	10.61	10.85	69.233	6.200	4.02	4.45
0+650	68.795	6.032	10.14	11.19	68.307	5.544	10.35	10.72	69.307	6.544	7.19	7.45
0+800	67.805	5.312	10.19	10.33	69.093	6.600	9.11	9.80	69.573	7.080	6.20	6.54
0+950	68.903	6.680	6.27	6.42	69.727	7.504	8.99	9.46	68.735	6.512	9.61	9.82

3.4.5　水流流态

3.4.5.1　**进水渠**

进水渠水流基本均匀、平稳,但在两侧圆弧进口处产生局部水流降落,影响边孔进闸水流。

3.4.5.2　**控制段**

各种洪水标准泄流情况下,除边孔外,其余闸孔水流基本平稳。边孔泄量小于中间孔。另外,在 5 000 年一遇洪水标准泄流时,检修桥阻水。

3.4.5.3　**泄槽段**

受闸室中墩影响,出闸水流在泄槽内形成菱形状,但水流基本均匀。

3.4.5.4　**消能段**

20 年、50 年及 100 年一遇洪水标准泄流时,消力池内发生淹没水跃,超过 100 年一遇洪水标准时,池内不发生水跃,池末端水流不稳定,水流间歇冲出池外,在池末端形成较高的水舌(5 000 年一遇最高达 15.2 m)冲击池末端。

3.4.5.5　**出水渠**

出水渠弯道段水流不均匀,后半段弯道左侧水深高于右侧,直段水流基本均匀,但受弯道影响,出水渠水流产生波动,5 000 年一遇洪水标准泄水水流波动最为明显。

3.4.6　溢洪道进水渠进口修改后的测试结果

原设计溢洪道进水渠进口水流条件较差,影响闸室边孔进水,使溢洪道在自由泄流情况下水库水位高于设计值较多,因此模型试验中对进水渠进口形式进行了修改,即将 1/4 圆弧进口改为 1/2 圆弧进口,采用斜坡与迎水面坝坡连接。

3.4.6.1　**水库水位与闸门开启高度**

经测试,修改进水渠进口后各种标准洪水水库水位及闸门开启高度测试结果见表 3-9。

表 3-9　修改进水渠进口后各种标准洪水水库水位及闸门开启高度测试结果

序号	洪水标准	溢洪道泄量 （m³/s）	闸门开启高度 （m）	实测水库水位 （m）	设计水库水位 （m）
1	$P = 5\%$	1 600	1.92		78.22
2	$P = 2\%$	1 600	1.84		79.06
3	$P = 1\%$	3 930	6.40		79.06
4	$P = 0.1\%$	5 571	闸门全开	80.696	80.41
5	$P = 0.05\%$	5 904	闸门全开	81.096	80.83
6	$P = 0.02\%$	6 502	闸门全开	81.696	81.54

3.4.6.2　**水库水位—溢洪闸泄量**

修改进水渠进口后的水库水位—溢洪闸泄量关系测试结果见表 3-10、图 3-3。

表 3-10　修改进水渠进口后水库水位—溢洪闸泄量关系

序号	水库水位(m)	溢洪闸泄量(m³/s)
1	72.176	412.1
2	72.296	452.2
3	72.888	664.6
4	73.368	864.4
5	74.008	1 133.4
6	74.864	1 557.0
7	75.360	1 814.6
8	76.016	2 192.4
9	76.560	2 613.0
10	77.040	2 822.1
11	77.552	3 171.3
12	78.192	3 629.2
13	78.912	4 159.9
14	79.504	4 636.7
15	80.216	5 237.7
16	80.800	5 718.6
17	80.696	5 571.0
18	81.096	5 904.0
19	81.320	6 223.3
20	81.696	6 502.0
21	81.760	6 554.3

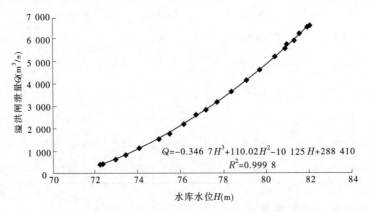

$$Q=-0.346\ 7H^3+110.02H^2-10\ 125H+288\ 410$$
$$R^2=0.999\ 8$$

图 3-3　修改进水渠进口后水库水位—溢洪闸泄量关系

3.4.6.3　综合流量系数

进水渠进口修改后,溢洪闸综合流量系数测试结果见表3-11。

表 3-11　修改进水渠进口后溢洪闸综合流量系数测试结果

库水位 (m)	流量 (m³/s)	闸门开度	上游水深 H (m)	流速 v (m/s)	综合流量 系数	流态
72.176	412.1	全开	1.720	2.50	0.320	自由堰流
72.888	664.6	全开	2.360	3.02	0.316	自由堰流
73.368	864.4	全开	2.664	3.12	0.347	自由堰流
74.008	1 133.4	全开	3.232	3.20	0.352	自由堰流
74.864	1 557.0	全开	4.072	3.51	0.345	自由堰流
75.360	1 814.6	全开	4.536	3.54	0.348	自由堰流
76.016	2 192.4	全开	5.216	3.55	0.349	自由堰流
76.560	2 613.0	全开	5.704	3.60	0.353	自由堰流
77.040	2 822.1	全开	6.136	3.75	0.355	自由堰流
77.552	3 171.3	全开	6.600	3.80	0.360	自由堰流
78.192	3 629.2	全开	7.200	4.01	0.361	自由堰流
78.912	4 159.9	全开	7.896	4.20	0.363	自由堰流
79.504	4 636.7	全开	8.440	4.33	0.364	自由堰流
80.216	5 237.7	全开	9.080	4.65	0.364	自由堰流
80.800	5 718.6	全开	9.616	4.68	0.367	自由堰流
81.320	6 223.3	全开	10.12	4.95	0.367	自由堰流
81.760	6 554.3	全开	10.472	4.73	0.374	自由堰流

3.4.6.4　水流情况

进水渠进口修改后,溢洪道进口左、右侧水流得到了明显的改善,对溢洪闸边孔过流影响较小,提高了溢洪闸的过流能力。

0 - 043 ~ 0 + 000 断面的水深、水位、流速测试结果见表3-12。

表 3-12　修改进水渠进口后断面的水深、水位、流速测试结果

断面	左				中心线				右			
	水位（m）	水深（m）	平均流速（m/s）	最大流速（m/s）	水位（m）	水深（m）	平均流速（m/s）	最大流速（m/s）	水位（m）	水深（m）	平均流速（m/s）	最大流速（m/s）
$P=2\%$												
0 − 043	78.536	8.536	1.67	1.69	78.712	8.712	1.46	1.50	78.926	8.926	1.86	1.91
0 − 033	78.768	8.768	2.14	2.16	79.248	9.248	1.51	1.52	78.736	8.736	2.01	2.06
0 − 018	78.896	8.896	2.10	2.64	78.904	8.904	1.82	2.12	78.936	8.936	1.92	2.28
0 + 000	71.480	1.480	11.44	11.44	71.312	1.312	12.54	12.54	71.648	1.648	11.64	11.64
$P=1\%$												
0 − 043	77.736	7.736	4.82	4.90	78.216	8.216	3.64	3.73	78.064	8.064	4.16	4.28
0 − 033	77.320	7.320	5.06	5.22	77.760	7.760	3.83	3.90	77.120	7.120	4.70	4.89
0 − 018	77.984	7.984	5.02	5.35	78.296	8.296	4.26	4.67	77.768	7.768	4.91	5.10
0 + 000	74.264	4.264	9.18	9.65	73.392	3.392	9.85	10.04	74.400	4.400	9.20	9.70
$P=0.02\%$												
0 − 043	79.144	9.144	6.74	7.12	80.336	10.336	4.89	4.95	79.968	9.968	6.09	6.57
0 − 033	77.952	7.952	7.31	7.36	80.344	10.344	5.02	5.10	78.232	8.232	7.27	7.50
0 − 018	79.800	9.800	7.00	7.32	80.384	10.384	5.64	6.10	80.024	10.024	5.98	6.44
0 + 000	75.992	5.992	10.16	10.80	75.640	5.640	10.73	11.45	76.416	6.416	9.93	10.40

3.4.7　动水压力测试

对消力池前陡坡段按 50 年、100 年、5 000 年一遇洪水标准泄洪时,动水压力测试结果见表 3-13 ~ 表 3-15。

表 3-13　牟山水库溢洪道动水压力测试结果($P=2\%$)

桩号	测试位置	测压管编号	测压孔高程(m)	测压管水头(m)	压力水头(m)
0 + 109.98	距陡坡起点 0.8 m	1 − 1	67.825	68.800	0.975
		1 − 2	67.825	68.680	0.855
		1 − 3	67.825	68.640	0.815
0 + 116.346	距陡坡起点 7.6 m	2 − 1	66.337	67.096	0.759
		2 − 2	66.337	67.480	1.143
		2 − 3	66.337	66.960	0.623

续表 3-13

桩号	测试位置	测压管编号	测压孔高程(m)	测压管水头(m)	压力水头(m)
0+124.6 (陡坡中点)	距陡坡起点 15.78 m	3-1	64.550	65.160	0.610
		3-2	64.550	65.800	1.250
		3-3	64.550	65.688	1.138
0+132.584	距陡坡起点 23.96 m	4-1	62.763	64.784	2.021
		4-2	62.763	64.520	1.757
		4-3	62.763	64.496	1.733
0+139.219	距陡坡起点 30.76 m	5-1	61.275	66.160	4.885
		5-2	61.275	64.520	3.245
		5-3	61.275	65.800	4.525

注:距陡坡距离为斜距,下同。

表 3-14　牟山水库溢洪道动水压力测试结果($P=1\%$)

桩号	测试位置	测压管编号	测压孔高程(m)	测压管水头(m)	压力水头(m)
0+109.98	距陡坡起点 0.8 m	1-1	67.825	69.480	1.655
		1-2	67.825	69.240	1.415
		1-3	67.825	69.080	1.255
0+116.346	距陡坡起点 7.6 m	2-1	66.337	68.360	2.023
		2-2	66.337	68.680	2.343
		2-3	66.337	68.360	2.023
0+124.6 (陡坡中点)	距陡坡起点 15.78 m	3-1	64.550	66.320	1.770
		3-2	64.550	67.160	2.610
		3-3	64.550	66.760	2.210
0+132.584	距陡坡起点 23.96 m	4-1	62.763	65.120	2.357
		4-2	62.763	65.040	2.277
		4-3	62.763	64.720	1.957
0+139.219	距陡坡起点 30.76 m	5-1	61.275	66.600	5.325
		5-2	61.275	64.480	3.205
		5-3	61.275	65.520	4.245

表 3-15　牟山水库溢洪道动水压力测试结果（$P = 0.02\%$）

桩号	测试位置	测压管编号	测压孔高程(m)	测压管水头(m)	压力水头(m)
0+109.98	距陡坡起点 0.8 m	1-1	67.825	69.800	1.975
		1-2	67.825	69.536	1.711
		1-3	67.825	69.280	1.455
0+116.346	距陡坡起点 7.6 m	2-1	66.337	69.640	3.030
		2-2	66.337	69.720	3.383
		2-3	66.337	69.320	2.983
0+124.6 （陡坡中点）	距陡坡起点 15.78 m	3-1	64.550	67.400	2.850
		3-2	64.550	68.216	3.666
		3-3	64.550	68.000	3.450
0+132.584	距陡坡起点 23.96 m	4-1	62.763	66.040	3.277
		4-2	62.763	68.584	5.821
		4-3	62.763	66.200	3.437
0+139.219	距陡坡起点 30.76 m	5-1	61.275	67.360	6.085
		5-2	61.275	66.360	5.085
		5-3	61.275	67.320	6.045

3.4.8　消力池设计参数试验

模型试验表明消力池设计参数满足设计和校核情况,但由于校核情况下出水渠流速超过其抗冲流速,因此本模型试验进行了在消力池内辅助消能工试验。模型试验的标准为 100 年一遇校核洪水。

试验方案一:消力池前陡坡末加趾墩。趾墩尺寸根据池中收缩水深设计,趾墩水平长9.0 m,齿高 2.0 m,齿宽 2.0 m,槽宽(间距)2.0 m。

试验方案二:消力池前陡坡末加趾墩 + 消力池中前墩。前墩设计尺寸为:墩高 2.0 m,墩宽 2.0 m,墩顶长 0.4 m,墩底长 1.4 m,墩间距 2.0 m,与趾墩交错布置。前墩距陡坡末 10.0 m。

试验方案三:消力池前陡坡末加趾墩 + 消力池中后墩 + 消力池中前墩。后墩设计尺寸为:墩高 1.6 m,墩宽 2.0 m,墩顶长 0.4 m,墩底长 1.2 m,墩间距 2.0 m,与前墩交错布置。前墩距陡坡末 30.0 m。

试验方案四:消力池中后墩 + 消力池中前墩。

100 年一遇洪水标准情况下,消力池方案一、二、三、四及出水渠水位、水深、流速测试结果见表 3-16 ~ 表 3-19。对方案四,经观察消力池水流情况与方案二基本相同,因此仅测试了部分断面的水位、水深、流速。

原设计与消力池三个方案的断面平均流速比较见表 3-20。

表 3-16 消力池方案—$P=1\%$断面水位、水深、流速测试结果

断面	左				中心线				右			
	水位 (m)	水深 (m)	平均流速 (m/s)	最大流速 (m/s)	水位 (m)	水深 (m)	平均流速 (m/s)	最大流速 (m/s)	水位 (m)	水深 (m)	平均流速 (m/s)	最大流速 (m/s)
0+140	67.740	6.640	5.60	8.82	67.020	5.920	6.84	9.80	66.860	5.760	7.97	11.57
0+162.5	69.748	8.648	3.91	4.60	69.860	8.760	6.47	9.24	69.524	8.424	5.02	8.11
0+185	70.344	6.744	4.67	5.05	70.600	7.000	5.07	5.72	69.980	6.384	5.72	7.04
0+200	69.901	6.328	3.91	4.17	68.685	5.112	6.87	7.11	69.965	6.392	7.41	7.56
0+273.5	70.153	6.712	3.42	3.65	69.001	5.560	6.18	6.36	66.969	3.528	8.25	8.45
0+347	70.172	6.864	4.88	5.06	69.004	5.700	6.26	6.80	67.820	4.512	2.06	2.80
0+500	67.657	4.624	7.51	7.85	68.281	5.248	6.60	7.25	67.985	4.952	2.50	2.59
0+650	68.483	5.720	6.23	6.74	67.955	5.192	6.64	6.99	68.099	5.336	3.31	3.54
0+800	67.437	4.944	6.92	7.15	67.797	5.304	6.19	7.04	67.725	5.232	4.14	4.28

表 3-17　消力池方案二 P=1% 断面水位、水深、流速测试结果

断面	左				中心线				右			
	水位 (m)	水深 (m)	平均流速 (m/s)	最大流速 (m/s)	水位 (m)	水深 (m)	平均流速 (m/s)	最大流速 (m/s)	水位 (m)	水深 (m)	平均流速 (m/s)	最大流速 (m/s)
0+140	68.636	7.536	2.75	4.79	68.220	7.120	4.37	7.14	68.500	7.400	6.08	8.17
0+162.5	70.820	9.720	2.86	3.66	70.844	9.744	3.16	4.51	70.620	9.520	3.39	4.58
0+185	70.200	6.600	4.29	4.67	70.536	6.936	5.04	5.39	69.896	6.296	6.29	7.21
0+200	70.125	6.552	3.41	3.52	69.245	5.672	4.24	4.54	67.421	3.848	7.22	7.74
0+273.5	70.233	6.792	3.79	4.22	69.401	5.960	4.60	5.06	66.929	3.488	4.62	4.64
0+347	70.100	6.792	5.04	5.18	69.204	5.896	6.02	6.33	67.692	4.384	0.79	0.97
0+500	72.449	4.816	7.73	7.94	68.241	5.208	6.72	7.06	68.081	5.048	2.73	3.04
0+650	68.339	5.576	6.76	7.13	67.875	5.112	4.43	4.73	68.323	5.560	2.43	2.67
0+800	67.413	4.920	7.24	7.58	67.957	5.464	4.82	4.92	67.909	5.416	4.08	4.22

表 3-18　消力池方案三 $P=1\%$ 断面水位、水深、流速测试结果

断面	左				中心线				右			
	水位(m)	水深(m)	平均流速(m/s)	最大流速(m/s)	水位(m)	水深(m)	平均流速(m/s)	最大流速(m/s)	水位(m)	水深(m)	平均流速(m/s)	最大流速(m/s)
0+185	70.256	6.656	4.95	5.31	70.432	6.832	5.18	5.50	69.920	6.320	6.40	7.55
0+800	67.269	4.776	7.18	7.62	67.861	5.368	4.66	4.99	67.909	5.416	4.10	4.28

表 3-19　消力池方案四 $P=1\%$ 断面水位、水深、流速测试结果

断面	左				中心线				右			
	水位(m)	水深(m)	平均流速(m/s)	最大流速(m/s)	水位(m)	水深(m)	平均流速(m/s)	最大流速(m/s)	水位(m)	水深(m)	平均流速(m/s)	最大流速(m/s)
0+140	67.468	6.368	4.38	9.23	67.036	5.936	6.78	12.53	66.876	5.776	4.32	12.11
0+162.5	70.588	9.488	3.27	4.26	70.500	9.400	4.01	5.65	70.364	9.264	2.30	4.54
0+185	70.320	6.720	5.04	5.12	70.240	6.640	5.34	5.82	71.928	8.328	3.62	4.41
0+200	70.205	6.632	4.11	4.30	68.973	5.400	6.62	6.80	67.421	3.848	4.93	5.22
0+273.5	70.329	6.888	3.60	3.68	69.393	5.952	5.91	6.00	67.073	3.632	4.47	4.73
0+347	70.244	6.936	5.07	5.18	69.540	6.232	5.04	6.16	67.620	4.312	0.87	1.01
0+500	67.777	4.744	6.71	7.68	68.049	5.016	4.45	4.88	68.145	5.112	2.10	2.16
0+650	68.643	5.880	6.46	6.82	68.379	5.616	7.01	7.25	68.003	5.230	2.21	2.36
0+800	67.245	4.752	7.07	7.20	67.853	5.360	6.45	6.68	67.845	5.352	3.04	3.17

表 3-20　消力池方案 $P=1\%$ 断面平均流速比较

断面	左				中心线				右			
	原设计	方案一	方案二	方案四	原设计	方案一	方案二	方案四	原设计	方案一	方案二	方案四
0+140	13.20	5.60	2.75	4.38	15.05	6.84	4.37	6.78	14.66	7.97	6.08	4.32
0+162.5	4.63	3.91	2.86	3.27	4.98	6.47	3.16	4.01	5.39	5.02	3.39	2.30
0+185	4.79	4.67	4.29	5.04	5.89	5.07	5.04	5.34	5.52	5.72	6.29	3.62
0+200	3.92	3.91	3.41	4.11	6.78	6.87	4.24	6.62	7.63	7.41	7.22	4.93
0+273.5	4.14	3.42	3.79	3.60	6.84	6.18	4.60	5.91	7.96	8.25	4.62	4.47
0+347	5.61	4.88	5.04	5.07	5.94	6.26	6.02	5.04	2.69	2.06	0.79	0.87
0+500	8.36	7.51	7.73	6.71	7.32	6.60	6.72	4.45	2.66	2.50	2.73	2.10
0+650	7.03	6.23	6.76	6.46	6.76	6.64	4.43	7.01	3.68	3.31	2.43	2.21
0+800	7.61	6.92	7.24	7.07	6.70	6.19	4.82	6.45	4.31	4.14	4.08	3.04

3.4.9　消能效果

根据测试结果,取溢洪道 0 − 043 ~ 0 + 185、0 − 043 ~ 0 + 800 断面计算消力池末和出水渠弯道后的综合消能效果,计算结果见表 3-21。

表 3-21　综合消能效果

洪水标准	消能效果(%)									
	原设计方案		方案一		方案二		方案三		方案四	
	0 + 185	0 + 800	0 + 185	0 + 800	0 + 185	0 + 800	0 + 185	0 + 800	0 + 185	0 + 800
$P = 2\%$	69.44	75.48								
$P = 1\%$	46.30	54.00	46.20	58.30	47.80	58.90	46.80	59.60	45.50	59.00

3.5　结论与建议

3.5.1　结论

牟山水库溢洪道工程设计经本次水工模型试验得出以下结论:

(1)溢洪道工程总体规划设计方案基本合理。

(2)原设计情况下溢洪闸过流能力偏低。由表 3-3 可以看到,各种洪水标准泄流时,实测水库水位均高于设计计算值。其中,最大为 1 000 年一遇洪水情况下实测水库水位高于设计计算值 0.534 m,2 000 年一遇洪水情况下实测水库水位高于设计计算值 0.41 m,5 000年一遇洪水情况下实测水库水位高于设计计算值 0.316 m。

(3)溢洪道闸前进水渠进口水流条件较差,受坝前侧向进水影响,圆弧进口处产生局部水位降落,影响闸室边孔进水。

(4)5 000 年一遇洪水标准泄流情况下,闸室检修桥高程偏低,产生阻水现象。

(5)消力池原设计池长 49.0 m,池深 2.5 m,设计尺寸合适,满足设计(50 年一遇)和校核(100 年一遇)情况下池中发生淹没水跃的要求。但 50 年一遇设计情况,实测池中淹没水跃长度仅为 24.0 m,因此对设计情况而言,消力池过长。

(6)经测试,消力池前陡坡段动水压力未出现负压,但小于静水压力。

(7)出水渠弯道水流较明显,左岸水深高于右岸,至 0 + 600 前渠内水流不均匀。出水渠直段 0 + 500 以后水流基本均匀。因此,弯道半径基本合适。

(8)出水渠冲刷态势:出水渠流速 50 年一遇洪水为 2.08 ~ 5.88 m/s,100 年一遇洪水为 2.53 ~ 8.30 m/s,5 000 年一遇洪水为 3.32 ~ 12.24 m/s。根据《牟山水库除险加固工程溢洪道水工模型试验要求》提供的试验参数,出水渠风化岩石的抗冲流速为 5.0 m/s,因此在设计情况下出水渠除 0 + 273 断面右侧、0 + 500 断面中间、0 + 950 断面左侧将受到冲刷破坏外,其余不会冲刷破坏。但在校核情况及以上洪水标准时,出水渠大部分将被冲刷破坏。

（9）本工程溢洪闸自由泄流的综合流量系数为 0.313 ~ 0.361，进水渠进口修改后溢洪闸自由泄流的综合流量系数为 0.316 ~ 0.374。

（10）弯道水流冲击波形态：进入弯道的水流由于受离心力的影响，水流开始偏向左岸，使左岸水深大于右岸水深，渠中水面形成横向比降，至弯道中点处，达到最大。超过弯道中点后开始恢复，在弯道出口，部分水流折向右岸。经测试，弯道冲击波影响的范围为：50 年、100 年一遇洪水标准下，0 + 200 ~ 0 + 500；5 000 年一遇洪水标准下，0 + 200 ~ 0 + 600。

（11）溢洪道进水渠进口形式修改后，进闸水流条件得到了明显的改善，闸室过流能力提高，溢洪闸自由泄流时水库水位降低。

（12）经过对消力池加辅助消能工四个方案的试验，四个方案与原设计方案比较得到如下结论：①加辅助消能工的消力池水流与原设计方案相比，池中水流有明显的不同，在池前部水流掺气增加，池中水跃位置前移，池中水流紊动加剧；②从表 3-20 可以看出，0 + 140 断面流速明显降低，出水渠流速有所降低；③消能效果有提高。因此，消力池设辅助消能工后，消能效果提高，可减轻出水渠的冲刷。其中，方案二效果优于其他方案。

3.5.2　建议

根据模型试验结果，对牟山水库溢洪道工程设计提出以下建议：

（1）由于实测溢洪闸自由泄流时水库水位大于设计值，因此建议对设计坝高进行复核，以确保大坝安全。

（2）5 000 年一遇洪水标准泄流时，闸室检修桥有阻水现象，建议将检修桥底高程由 81.0 m 提高到 81.5 m。

（3）鉴于原设计进水渠进口水流影响闸室边孔进水，为改善溢洪闸进口水流条件，建议进水渠进口采用圆弧裹头与坝连接。

（4）由于超过 100 年一遇洪水标准时，消力池中水跃冲出池外，对出水渠底造成冲刷，因此建议消力池后扭曲段用混凝土护底。

（5）出水渠左右岸高度和护砌高度建议以实测水位为依据进行设计。

（6）经实测，在 100 年一遇洪水标准、闸门全开自由泄流情况下，水库水位 78.72 m，比控泄情况设计水库水位 79.06 低 0.34 m。因此，为确保水库安全，建议 100 年一遇洪水标准溢洪闸由控泄改为自由泄流。

（7）模型试验表明，消力池设辅助消能工，对减轻下游出水渠冲刷有利，本工程若采用辅助消能工，建议采用方案二，即消力池前陡坡末端设趾墩 + 消力池中前墩。但由于池中消力墩可能存在空化现象，并增加消力池工程量，因此建议与出水渠设防冲设施进行综合技术经济比较后确定。

第4章　东周水库溢洪道水工模型试验

4.1　概　述

根据《新泰市东周水库除险加固工程可行性研究报告》,工程设计情况简介如下。

4.1.1　工程概况

东周水库位于山东省新泰市境内,在柴汶河支流渭水河上,是一座以防洪为主,兼顾灌溉、供水、养殖等综合利用的重点中型水库。该水库于1959年修建,1972年续建,1977年合龙蓄水。1981年大坝上游坡1+087~1+136出现大面积滑坡,滑坡体面积3 454 m²,被山东省水利厅列为病险库,2000年被南京水科所安全鉴定中心鉴定为险库三类坝。2001年山东省水利厅批复了东周水库保安全工程初步设计。水库正常蓄水位229.00 m,相应兴利库容6 000万 m³,死水位216.55 m,相应死库容630万 m³,100年一遇设计洪水位230.80 m,1 000年一遇校核洪水位230.80 m,总库容8 508.8万 m³。水库枢纽工程由主坝,副坝,溢洪道,东、西放水洞和电站五部分组成。

4.1.2　工程等级及设计标准

4.1.2.1　工程等级及建筑物级别

依据《防洪标准》(GB 50201—94)及《水利水电工程等级划分及洪水标准》(SL 252—2000),东周水库枢纽工程建筑物等别为Ⅲ等,大坝、溢洪道、放水洞等主要建筑物级别为3级,次要建筑物为4级。

4.1.2.2　防洪标准

依据《防洪标准》(GB 50201—94),东周水库防洪标准为:正常运用(设计)洪水标准为100年一遇($P=1\%$),非常运用(校核)洪水标准为1 000年一遇($P=0.1\%$)。依据《溢洪道设计规范》(SL 253—2000),溢洪道消能防冲标准为30年一遇洪水设计($P=3.3\%$)。

4.1.3　洪水调节计算结果

东周水库洪水调节计算结果见表4-1。

表 4-1　东周水库洪水调节计算结果

名称	单位	数量	防洪标准
相应库水位	m	230.34	5%
相应最大泄量	m³/s	500	5%
相应库水位	m	230.48	3.3%
相应最大泄量	m³/s	800	3.3%
相应库水位	m	230.61	2%
相应最大泄量	m³/s	800	2%
相应库水位	m	230.80	1%
相应最大泄量	m³/s	1 100	1%
相应库水位	m	230.80	0.1%
相应最大泄量	m³/s	2 485.3	0.1%
总库容	万 m³	8 508.8	

4.1.4　溢洪道工程设计概况

溢洪道工程主要由进水渠、闸室段、泄槽、消能段、出水渠等部分组成。闸室长 23.2 m,宽 46 m,溢洪闸为 4 孔弧形闸门,每孔净宽 10 m,中墩厚 2 m,闸墩高 14 m,闸门为 10 m×12 m(宽×高),底板及闸墩为钢筋混凝土。泄槽总长 424.5 m,宽 46 m,矩形断面,末端与挑流坎衔接,共分 4 段。第一段长 80 m,$i = 0.005$;第二段长 174.5 m,$i = 0.02$,为圆弧段,半径 188 m,圆心角 53.2°,该段在泄槽轴线布置高 2.5 m 的导流墙;第三段长 110 m,$i = 0.02$;第四段长 60 m,$i = 0.05$。除第二段外其余均为直段。采用挑流消能,挑流段长 4.775 m,挑射角 25°,反弧半径为 9 m。出水渠总长 519.5 m,梯形断面,共分 3 段。第一段为渐变段,长 49.5 m,底宽由 46 m 变为 75 m;第二段为直线段,长 334 m,底宽 75 m,边坡 1:2,$i = 0.002$;第三段为圆弧段,中心线长 136 m,圆心角 60.4°,底宽 75 m,边坡 1:2,底部为风化岩石,无衬砌,边墙用浆砌石护砌。如图 4-1 所示。

4.2　模型设计与制作

4.2.1　模型试验任务及范围

4.2.1.1　模型试验任务

根据工程建设单位和设计单位的要求,本次溢洪道工程水工模型试验的主要任务是:①测试溢洪道控泄时闸门开启高度和闸门全开时闸室泄流能力,弯道水力特性,分隔导流墙对流态的影响;②观测挑流消能流态及消能率、冲坑情况;③观测出水渠水流流态及冲刷情况;④根据水流流态,对规划设计方案提出修改意见。

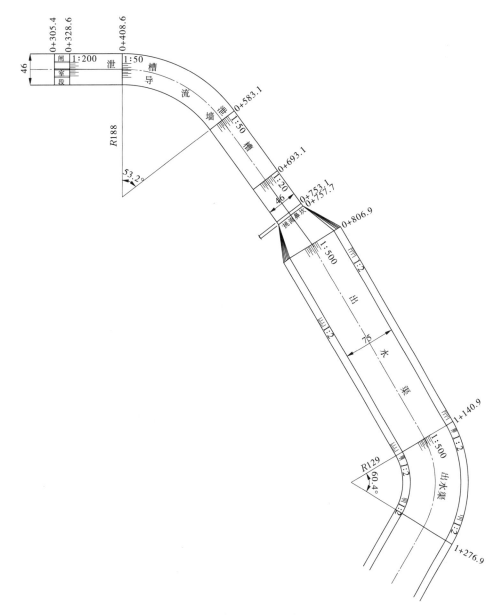

图 4-1 东周水库溢洪道平面布置图 （单位:m）

4.2.1.2 模型试验范围

根据模型试验任务,东周水库溢洪道工程水工模型试验的范围为东周水库溢洪道全部工程,自闸前进水渠开始到出水渠弯道末下游 100 m,整个模型试验的范围为 250 m × 900 m。主要建筑物为溢洪闸、弯道及挑流消能工程。

4.2.2　模型设计

4.2.2.1　相似准则

本模型试验主要研究溢洪闸过水能力、溢洪道水流流态和消能情况。根据水流特点，为重力起主要作用的水流。因此，本模型试验按重力相似准则进行模型设计，同时保证模型水流流态与原型水流流态相似。

4.2.2.2　模型类别

根据模型试验任务和模型试验范围，本模型选用正态、定床、部分动床、整体模型。

4.2.2.3　模型比尺

根据模型试验范围和整体模型试验要求，结合试验场地和设备供水能力，选定模型长度比尺 $L_r = 50$，其他各物理量比尺为

流量比尺：$Q_r = 50^{2.5} = 17\ 678$；

流速比尺：$V_r = 50^{1/2} = 7.07$；

糙率比尺：$n_r = 50^{1/6} = 1.92$；

时间比尺：$T_r = 50^{1/2} = 7.07$。

4.2.2.4　溢洪闸

根据糙率比尺，模型闸室材料用有机玻璃制作，糙率为 0.008 3。模型尺寸为：闸室宽 92.00 cm，闸室长 46.40 cm，闸墩高 28.00 cm，中墩厚 4.00 cm，每孔宽 20.00 cm。

4.2.2.5　泄槽段

根据模型糙率比尺，该段模型材料混凝土部分用厚 10 mm 的硬塑料，浆砌石部分用细沙水泥砂浆抹面。该段模型尺寸分述如下：第一段长 1 600 cm，塑料板边墙高 20 cm，底宽 92 cm，$i = 0.02$；第二段为弯道，长 3 490 cm，导流墙高 5.0 cm，宽 2.0 cm，塑料板边墙高 6.4 cm，细沙水泥砂浆护砌高 5.4 cm，$i = 0.02$，底宽 92.0 cm；第三段为直段，长 2 200 cm，塑料板边墙高 6.4 cm，细沙水泥砂浆护砌高 3.6 cm，$i = 0.02$，底宽 92.0 cm；第四段长 1 200 cm，塑料板边墙高 6.4 cm，细沙水泥砂浆护砌高 1.6 cm，$i = 0.02$，底宽 92.0 cm。

4.2.2.6　消能段

消能采用挑流消能，原型长 4.775 m。模型材料用塑料板，该段长 9.55 cm。

4.2.2.7　冲坑段

该段原型长 49.5 m，底宽由 46 m 渐变为 75 m。模型长 99 cm，底宽由 92 cm 渐变为 150 cm，边墙用细沙水泥砂浆抹面，底部按动床设计。动床用天然散粒体模拟由砂砾石组成的原型河床，砾石粒径按式(1-1)计算。

根据《东周水库保安全工程地质勘察报告》，冲坑段强弱风化深 6 ~ 9 m，不冲流速为 3 ~ 4.5 m/s。系数 K 取 5，则砾石粒径经计算为 7.0 ~ 16.2 mm。

4.2.2.8　出水渠

该段原型长 470 m，为梯形断面，$i = 0.002$，边坡 1:2。底部为风化岩石，无衬砌，边墙用浆砌石护砌。该段模型长 9 400 cm，底部用一般水泥砂浆抹面，边墙用细沙水泥砂浆抹面。

4.2.3　模型制作

根据水工模型试验要求,为确保水工模型试验精度,模型制作严格按模型设计和《水工(常规)模型试验规程》(SL 155—1995)的要求进行。

闸室段、泄槽和挑流段由木工按模型设计尺寸整体制作,精度控制在误差 ±0.2 mm 以内。制作完成后在模型池内进行安装,高程误差控制在 ±0.3 mm 以内。

其他段在模型池内现场制作。制作时,模型尺寸用钢尺量测,建筑物高程误差控制在 ±0.3 mm 以内。

地形的制作先用土夯实,上面用水泥砂浆抹面 1 ~ 2 cm。地形高程误差控制在 ±2.0 mm 以内,平面距离误差控制在 ±5 mm 以内。

冲坑段按照散粒体粒径计算结果,选用 5 ~ 10 mm、10 ~ 20 mm、20 ~ 40 mm 的石子,分层铺设。上部弱风化用 5 ~ 10 mm、10 ~ 20 mm 的石子混合铺设,下部微风化用 20 ~ 40 mm 的石子铺设。

4.3　模型测试

4.3.1　模型测试方案

根据模型试验任务,本次模型试验测试方案如下。

4.3.1.1　泄槽弯道段轴线导流墙高 2.5 m

(1)$P = 5\%$,溢洪闸泄洪 500 m³/s,库水位 230.34 m。模型放水流量 0.028 3 m³/s,控制库水位达到设计要求,量测闸门开启高度及各断面的水深、流速、挑距、冲坑深度和范围。

(2)$P = 3.3\%$,溢洪闸泄洪 800 m³/s,库水位 230.48 m。模型放水流量 0.045 3 m³/s,控制库水位达到设计要求,量测闸门开启高度及各断面的水深、流速、挑距、冲坑深度和范围,弯道处动水压力。

(3)$P = 2\%$,溢洪闸泄洪 800 m³/s,库水位 230.61 m。模型放水流量 0.045 3 m³/s,控制库水位达到设计要求,量测闸门开启高度及各断面的水深、流速、挑距、冲坑深度和范围,弯道处动水压力。

(4)$P = 1\%$,溢洪闸泄洪 1 100 m³/s,库水位 230.80 m。模型放水流量 0.062 2 m³/s,控制库水位达到设计要求,量测闸门开启高度及各断面的水深、流速、挑距、冲坑深度和范围,弯道处动水压力。

(5)$P = 0.1\%$,溢洪闸泄洪 2 485.3 m³/s。模型放水流量 0.140 6 m³/s,闸门全开,量测相应库水位及各断面的水深、流速、挑距、冲坑深度和范围,弯道处动水压力。

4.3.1.2　泄槽弯道段轴线导流墙高 3.0 m

为进行比较,模型试验将泄槽弯道段导流墙加高至 3.0 m,量测 $P = 3.3\%$、$P = 2\%$、$P = 1\%$ 标准下弯道处各断面水深。

4.3.2　测试断面设计

根据模型试验任务,本试验共设计了 17 个测试断面,弯道处设计了左右岸边、导流墙左右 4 条测垂线,其余断面设计了左、中、右 3 条测垂线,测试断面见表 4-2。

表 4-2　测试断面设计

序号	桩号	位置	高程(m)
1	0 + 293.6	闸前铺盖	217.500
2	0 + 328.6	闸后(出口),直段始	217.000
3	0 + 368.6	直段中间	216.800
4	0 + 408.6	直段末,弯道始	216.600
5	0 + 452.2	1/4 弯道	215.728
6	0 + 495.8	1/2 弯道	214.855
7	0 + 539.4	3/4 弯道	213.983
8	0 + 583.1	弯道末,直段始	213.110
9	0 + 638.1	直段中间	212.010
10	0 + 693.1	直段末,陡槽始	210.910
11	0 + 723.1	直段中间	209.410
12	0 + 753.3	挑流坎弧最低点	207.900
13		冲坑段	
14	0 + 806.9	出水渠始	204.400
15	0 + 973.9	出水渠直段中间	204.066
16	1 + 140.9	弯道始	203.730
17	1 + 276.9	弯道末	203.460

4.3.3　弯道动水压力测试

为观测弯道处水流的动水压力,本试验分别在弯道开始、弯道中部、弯道结束处设计了 1 个动水压力测试断面,每个断面在左右边墙、导流墙两侧 4 个位置布置了 16 个测点,3 个断面共 48 个测点。其中,左边墙每个断面布置了 6 个测点,右边墙 4 个,导流墙两侧各 3 个。

动水压强用测压管观测。测压孔内径为 2 mm,孔口与边壁垂直,测压管用 1 cm 的玻璃管,测压管与测压孔用 2 ~ 3 mm 的塑料管连接。

4.4　试验成果

本次模型试验取得了以下成果。

4.4.1　闸门开启高度及水库水位

经测试,各种标准洪水闸门开启高度如下:
(1)$P = 5\%$,闸门开启高度 1.13 m,水库水位 230.34 m。
(2)$P = 3.3\%$,闸门开启高度 1.95 m,水库水位 230.48 m。
(3)$P = 2\%$,闸门开启高度 1.92 m,水库水位 230.61 m。
(4)$P = 1\%$,闸门开启高度 2.79 m,水库水位 230.80 m。
(5)$P = 0.1\%$,闸门全开,水库水位 229.185 m。

4.4.2　各种标准洪水水深、水位、流速测试结果

$P = 5\%$ 、$P = 3.3\%$ 、$P = 2\%$ 、$P = 1\%$ 、$P = 0.1\%$ 情况下各测试断面的水深、水位、流速测试结果见表 4-3 ~ 表 4-7。

4.4.3　弯道动水压力测试结果

$P = 3.3\%$ 、$P = 2\%$ 、$P = 1\%$ 、$P = 0.1\%$ 情况下弯道各测试断面的动水压力量测结果见表 4-8 ~ 表 4-11。

4.4.4　挑距与冲坑

4.4.4.1　挑距

经测试,各种标准洪水挑距见表 4-12。

表 4-3　　$P=5\%$ 断面水深、水位、流速测试结果

断面	测垂线														
	左岸边			导流墙左			中间			导流墙右			右岸边		
	水深 (m)	水位 (m)	流速 (m/s)	水深 (m)	水位 (m)	流速 (m/s)	水深 (m)	水位 (m)	流速 (m/s)	水深 (m)	水位 (m)	流速 (m/s)	水深 (m)	水位 (m)	流速 (m/s)
0+293.6															
0+328.6															
0+368.6	0.970	217.770					0.900	217.700					0.880	217.680	
0+408.6	1.120	217.720					1.145	217.745					1.045	217.645	
0+452.2	2.010	217.738		0.510	216.238					2.045	217.773		0.445	216.173	
0+495.8	1.855	216.710		0.745	215.600					2.115	216.970		0.210	215.065	
0+539.4	1.700	215.683		0.815	214.798					1.885	215.868		0.920	214.903	
0+583.1	1.990	215.100		0.615	213.725					1.71	214.820		0.625	213.735	
0+638.1	0.850	212.860					1.350	213.360					1.115	213.125	
0+693.1	1.280	212.190					1.005	211.915					1.215	212.125	
0+723.1	0.975	210.385					1.090	210.500					1.215	210.625	
0+753.3	0.875	208.775					0.995	208.895					1.175	209.075	
冲坑段							4.750	209.150							
0+806.9	2.510	206.910					2.825	207.225					3.225	207.655	
0+973.9	2.245	206.311	3.70				2.750	206.816	2.70				2.640	206.706	3.55
1+140.9	2.425	206.155	3.46				2.495	206.225	2.69				2.550	206.280	2.91
1+276.9	2.130	205.590	2.58				2.270	205.730	2.91				2.360	205.820	2.88

注:桩号0+328.6左岸边、导流墙左、中间、导流墙右、右岸边分别代表自左向右第1、2、3、4孔闸出口,下同。

表 4-4　P=3.3%断面水深、水位、流速测试结果

断面	左岸边			导流墙左			测垂线 中间			导流墙右			右岸边		
	水深(m)	水位(m)	流速(m/s)	水深(m)	水位(m)	流速(m/s)	水深(m)	水位(m)	流速(m/s)	水深(m)	水位(m)	流速(m/s)	水深(m)	水位(m)	流速(m/s)
0+293.6															
0+328.6	1.515	218.515	12.31	1.475	218.475	12.74				1.545	218.545	12.35	1.385	218.385	12.63
0+368.6	1.245	218.045	11.01				1.315	218.115	11.14				1.285	218.085	11.20
0+408.6	1.380	217.980	11.02	1.740	218.340	11.40				1.725	218.325	11.41	1.395	217.995	10.51
0+452.2	2.920	218.648	9.37	0.620	216.348	9.45				2.755	218.483	10.73	0.790	216.518	8.88
0+495.8	2.470	217.325	10.73	1.315	216.17					2.695	217.55	11.32	0.265	215.210	
0+539.4	2.405	216.388	11.09	1.225	215.208	6.39				2.300	216.238	11.79	1.130	15.113	6.15
0+583.1	2.605	215.715	11.03	0.970	214.080	6.92				2.030	215.140	10.56	0.985	214.095	7.18
0+638.1	1.305	213.315	10.71				1.840	213.85	10.52				1.475	214.960	7.27
0+693.1	1.495	212.405	9.86				1.365	212.275	8.92				1.825	212.735	7.44
0+723.1	1.455	210.865	11.10				1.415	210.825	8.79				1.680	211.095	9.76
0+753.3	1.175	209.075	8.96				1.725	209.625	9.53				1.675	209.575	8.87
冲坑段	5.045	212.945					6.160	214.060					5.115	213.015	
0+806.9	3.945	208.345					5.220	209.620					4.740	209.140	
0+973.9	3.110	207.176	4.60				3.475	207.541	1.84				3.315	207.381	4.44
1+140.9	2.760	206.490	4.17				3.210	206.940	2.34				3.035	206.765	3.39
1+276.9	2.505	205.965	3.23				3.065	206.525	2.63				3.400	206.860	3.74

表 4-5　P＝2% 断面水深、水位、流速测试结果

断面	测垂线														
	左岸边			导流墙左			中间			导流墙右			右岸边		
	水深(m)	水位(m)	流速(m/s)	水深(m)	水位(m)	流速(m/s)	水深(m)	水位(m)	流速(m/s)	水深(m)	水位(m)	流速(m/s)	水深(m)	水位(m)	流速(m/s)
0+293.6	1.450	218.450	14.03	1.440	218.440	12.920				1.400	218.4	13.12	1.440	218.440	12.53
0+328.6	1.240	218.040	8.23				1.300	218.100	9.73				1.280	218.080	9.84
0+368.6	1.395	218.000	9.8	1.825	218.425	10.73				1.740	218.340	11.09	1.435	218.035	11.64
0+408.6	2.800	218.528	10.62	0.630	216.358	5.65				2.630	218.988	11.13	0.770	216.498	6.12
0+452.2	2.775	217.630	10.9	0.975	215.83	5.83				2.680	217.535	10.18	0.285	215.140	7.270
0+495.8	2.390	216.373	7.98	1.235	215.218	6.12				2.265	216.248	10.76	1.185	215.168	7.430
0+539.4	2.645	215.755	8.21	1.190	214.300					2.995	216.105	8.41	0.985	214.095	7.08
0+583.1	1.285	213.295	7.13				1.840	213.850	9.39				1.450	213.460	6.39
0+638.1	1.555	212.465	7.85				1.375	212.285	7.62				1.775	212.685	7.28
0+693.1	1.350	210.760	6.32				1.430	210.840	6.53				1.625	211.035	5.58
0+723.1	1.150	209.050	5.68				1.980	209.880	5.48				1.655	209.555	
0+753.3															
冲坑段 0+806.9	4.480	208.880					4.440	208.840					4.385	208.785	
0+973.9	3.200	207.266	4.94				3.585	207.651	1.81				3.365	207.431	3.38
1+140.9	3.270	207.000	4.47				3.320	207.050	2.40				3.250	206.980	2.95
1+276.9	2.575	206.035	3.51				2.965	206.425	3.50				3.050	206.510	3.47

表 4-6　$P=1\%$ 断面水深、水位、流速测试结果

断面	测垂线														
	左岸边			导流墙左			中间			导流墙右			右岸边		
	水深(m)	水位(m)	流速(m/s)	水深(m)	水位(m)	流速(m/s)	水深(m)	水位(m)	流速(m/s)	水深(m)	水位(m)	流速(m/s)	水深(m)	水位(m)	流速(m/s)
0+293.6															
0+328.6	2.110	219.110	12.40	1.985	218.985	12.42				2.065	219.065	12.57	1.950	218.950	12.14
0+368.6	1.840	218.640	12.27										1.690	218.490	10.67
0+408.6	1.840	218.440	11.02	2.415	219.015	11.62	1.630	218.430	12.26	2.400	219.000	11.05	1.850	218.450	11.54
0+452.2	3.695	219.423	10.55	0.925	216.653	10.00				3.375	219.103	11.04	1.020	216.748	10.86
0+495.8	3.270	218.125	10.85	1.560	216.415	8.66				3.075	217.930	11.67	0.360	215.215	
0+539.4	3.045	217.028	11.42	1.680	215.663	9.33				2.720	216.703	12.13	1.280	215.263	8.25
0+583.1	3.515	216.625	11.67	2.030	215.140	8.15				2.485	215.595	12.31	1.060	214.170	8.19
0+638.1	1.910	213.920	11.97				2.330	214.340	9.88				1.785	213.795	8.05
0+693.1	1.815	212.761	11.66				1.610	212.520	10.50				2.440	213.350	7.98
0+723.1	1.520	210.930	11.28				2.085	211.495	10.92				2.180	211.590	9.45
0+753.3	1.405	209.352	11.24				2.085	209.985	10.67				2.125	210.025	9.41
冲坑段															
0+806.9	5.915	210.315					5.815	210.215	4.02				5.770	210.170	1.11
0+973.9	3.690	207.756	5.1				4.310	208.376	2.36				4.225	208.291	3.24
1+140.9	3.945	207.675	4.15				3.885	207.615	2.88				4.085	207.815	2.80
1+276.9	3.145	206.605	3.16				3.725	207.185	2.64				3.955	207.415	2.46

表 4-7　P = 0.1% 断面水深、水位、流速测试结果

断面	测垂线														
	左岸边			导流墙左			中间			导流墙右			右岸边		
	水深 (m)	水位 (m)	流速 (m/s)	水深 (m)	水位 (m)	流速 (m/s)	水深 (m)	水位 (m)	流速 (m/s)	水深 (m)	水位 (m)	流速 (m/s)	水深 (m)	水位 (m)	流速 (m/s)
0+293.6	9.350	226.850	2.88				9.845	227.345	2.77				9.310	226.810	6.08
0+328.6	5.885	222.885	9.48	5.975	222.975	9.43				6.380	223.380	9.55	5.495	222.495	9.22
0+368.6	5.075	221.875	10.24				5.070	222.870	9.86				5.300	222.100	9.79
0+408.6	5.210	221.810	10.00	5.535	222.135	10.02				5.395	221.995	10.13	5.040	221.640	10.13
0+452.2	6.450	222.178	9.14	4.200	219.928	10.61				4.690	220.418	10.71	2.845	218.573	11.19
0+495.8	6.685	221.540	9.05	5.800	220.655	10.33				4.940	219.795	11.03	2.150	217.005	10.52
0+539.4	6.475	220.458	10.43	4.830	218.813	11.15				4.675	218.658	11.06	3.480	217.463	9.31
0+583.1	6.025	219.135	10.80	4.529	217.639	11.03				4.185	217.299	11.44	2.685	215.795	9.91
0+638.1	4.315	216.325	12.40										4.225	216.235	9.99
0+693.1	3.100	214.010	12.15										4.625	215.535	10.74
0+723.1	2.480	211.89	12.53										4.010	213.420	11.49
0+753.3	5.085	212.985	11.62										3.880	211.780	11.39
冲坑段															
0+806.9	7.825	212.225	5.78										6.675	211.075	4.63
0+973.9	6.300	210.366	4.07										6.190	210.256	4.84
1+140.9	6.640	210.370											7.030	210.760	
1+276.9	6.145	209.605											6.750	210.210	

表 4-8　$P=3.3\%$ 溢洪道弯道动水压力量测结果

测试位置	\	进口断面			\	中间断面			\	出口断面		
	测点编号	测压孔高程	测压管水头	压力水头	测点编号	测压孔高程	测压管水头	压力水头	测点编号	测压孔高程	测压管水头	压力水头
左边墙	1-1-1	219.190			2-1-1	217.545	217.600	0.055	3-1-1	215.695	215.910	0.215
	1-1-2	218.630			2-1-2	217.045	217.260	0.215	3-1-2	215.260	215.900	0.640
	1-1-3	218.205	218.250	0.045	2-1-3	216.550	217.280	0.730	3-1-3	214.740	215.810	1.070
	1-1-4	217.715	217.800	0.085	2-1-4	216.135	217.390	1.255	3-1-4	214.275	215.735	1.460
	1-1-5	217.230	217.605	0.375	2-1-5	215.555	217.150	1.595	3-1-5	213.760	215.650	1.890
	1-1-6	216.680	218.000	1.320	2-1-6	214.985	217.550	2.565	3-1-6	213.160	216.150	2.990
导墙左	1-2-1	218.695	218.800	0.105	2-2-1	217.160			3-2-1	215.350	215.260	-0.090
	1-2-2	217.825	217.410	-0.415	2-2-2	216.090	216.090		3-2-2	214.350	214.300	-0.050
	1-2-3	216.850	214.730	-2.120	2-2-3	215.030	215.260	0.023	3-2-3	213.350	214.125	0.775
导墙右	1-3-1	218.770	219.200	0.430	2-3-1	217.030	217.900	0.870	3-3-1	215.045	215.200	0.155
	1-3-2	217.850	217.675	-0.175	2-3-2	215.845	217.900	2.055	3-3-2	214.370	214.015	-0.355
	1-3-3	216.850	216.170	-0.680	2-3-3	215.025	217.680	2.655	3-3-3	213.310	214.000	0.690
右边墙	1-4-1	218.255			2-4-1	216.460			3-4-1	214.710		
	1-4-2	217.730	217.855	0.125	2-4-2	215.945			3-4-2	214.240	214.290	0.050
	1-4-3	217.280	218.030	0.750	2-4-3	215.480	215.480		3-4-3	213.750	214.265	0.515
	1-4-4	216.750	218.060	1.310	2-4-4	215.015	215.290	0.275	3-4-4	213.220	214.290	1.070

注:表中各数值单位均为 m,压力水头"-"值为负压力,下同。

表4-9　P=2%溢洪道弯道动水压力量测结果

测试位置	进口断面				中间断面				出口断面			
	测点编号	测压孔高程	测压管水头	压力水头	测点编号	测压孔高程	测压管水头	压力水头	测点编号	测压孔高程	测压管水头	压力水头
左边墙	1-1-1	219.190			2-1-1	217.545	217.615	0.07	3-1-1	215.695	215.880	0.185
	1-1-2	218.630			2-1-2	217.045	217.255	0.21	3-1-2	215.260	215.890	0.630
	1-1-3	218.205	218.250	0.045	2-1-3	216.550	217.310	0.760	3-1-3	214.740	215.840	1.100
	1-1-4	217.715	217.800	0.085	2-1-4	216.135	217.435	1.300	3-1-4	214.275	215.765	1.490
	1-1-5	217.230	217.545	0.315	2-1-5	215.555	217.155	1.600	3-1-5	213.760	215.660	1.900
	1-1-6	216.680	214.920	1.240	2-1-6	214.985	217.550	2.565	3-1-6	213.160	216.150	2.990
导墙左	1-2-1	218.695	218.855	0.160	2-2-1	217.160			3-2-1	215.350		
	1-2-2	217.825	217.355	-0.47	2-2-2	216.090	216.090		3-2-2	214.350	214.350	
	1-2-3	216.850	214.740	-2.110	2-2-3	215.030	215.335	0.305	3-2-3	213.350	214.140	0.790
导墙右	1-3-1	218.770	219.185	0.415	2-3-1	217.030	217.915	0.885	3-3-1	215.045	215.220	0.175
	1-3-2	217.850	217.625	-0.225	2-3-2	215.845	217.910	2.065	3-3-2	214.370	214.845	0.475
	1-3-3	216.850	216.250	-0.600	2-3-3	215.025	217.655	2.630	3-3-3	213.310	214.010	0.700
右边墙	1-4-1	218.255			2-4-1	216.460			3-4-1	214.710		
	1-4-2	217.730	217.760	0.030	2-4-2	215.945			3-4-2	214.240	214.400	0.160
	1-4-3	217.280	218.005	0.725	2-4-3	215.480	215.480		3-4-3	213.750	214.265	0.515
	1-4-4	216.750	218.015	1.265	2-4-4	215.015	215.280	0.265	3-4-4	213.220	214.295	1.075

表 4-10　$P=1\%$ 溢洪道弯道动水压力量测结果

测试位置	进口断面 测点编号	测压孔高程	测压管水头	压力水头	中间断面 测点编号	测压孔高程	测压管水头	压力水头	出口断面 测点编号	测压孔高程	测压管水头	压力水头
左边墙	1-1-1	219.190	219.260	0.070	2-1-1	217.545	218.295	0.750	3-1-1	215.695	216.575	0.880
	1-1-2	218.630	218.740	0.110	2-1-2	217.045	217.775	0.730	3-1-2	215.260	216.560	1.300
	1-1-3	218.250	218.490	0.285	2-1-3	216.550	217.910	1.360	3-1-3	214.740	216.450	1.710
	1-1-4	217.715	218.160	0.445	2-1-4	216.135	218.015	1.880	3-1-4	214.275	216.350	2.075
	1-1-5	217.230	217.880	0.650	2-1-5	215.555	217.760	2.205	3-1-5	213.760	216.305	2.545
	1-1-6	216.680	218.400	1.720	2-1-6	214.985	218.105	3.120	3-1-6	213.160	216.780	3.620
导墙左	1-2-1	218.695	218.800	0.105	2-2-1	217.160	217.200	0.040	3-2-1	215.350	215.305	-0.045
	1-2-2	217.825	217.600	-0.225	2-2-2	216.090	216.210	0.120	3-2-2	214.350	214.965	0.615
	1-2-3	216.850	215.850	-1.000	2-2-3	215.030	215.750	0.720	3-2-3	213.350	214.700	1.350
导墙右	1-3-1	218.770	219.000	0.230	2-3-1	217.030	218.200	1.170	3-3-1	215.045	215.150	0.105
	1-3-2	217.850	217.715	-0.135	2-3-2	215.845	218.210	2.365	3-3-2	214.370	213.930	-0.440
	1-3-3	216.850	216.260	-0.590	2-3-3	215.025	217.985	2.960	3-3-3	213.310	214.130	0.820
右边墙	1-4-1	218.255	218.420	0.195	2-4-1	216.460			3-4-1	214.710	214.750	0.040
	1-4-2	217.730	218.310	0.580	2-4-2	215.945			3-4-2	214.240	214.345	0.105
	1-4-3	217.280	218.340	1.060	2-4-3	215.480	215.490	0.010	3-4-3	213.750	214.325	0.575
	1-4-4	216.750	218.400	1.650	2-4-4	215.015	215.400	0.385	3-4-4	213.220	214.350	1.130

表 4-11　　$P = 0.1\%$ 溢洪道弯道段动水压力量测结果

测试位置	进口断面				中间断面				出口断面			
	测点编号	测压孔高程	测压管水头	压力水头	测点编号	测压孔高程	测压管水头	压力水头	测点编号	测压孔高程	测压管水头	压力水头
左边墙	1-1-1	219.190	220.700	1.510	2-1-1	217.545	221.650	4.105	3-1-1	215.695	219.255	3.560
	1-1-2	218.630	221.660	3.030	2-1-2	217.045	221.440	4.395	3-1-2	215.260	219.190	3.930
	1-1-3	218.205	221.700	3.495	2-1-3	216.550	221.575	5.025	3-1-3	214.740	219.090	4.350
	1-1-4	217.715	221.555	3.840	2-1-4	216.135	221.690	5.555	3-1-4	214.275	219.015	4.740
	1-1-5	217.230	221.395	4.165	2-1-5	215.555	221.570	6.015	3-1-5	213.760	218.550	4.790
	1-1-6	216.680	221.665	4.985	2-1-6	214.985	221.820	6.835	3-1-6	213.160	219.345	6.185
导墙左	1-2-1	218.695	221.850	3.155	2-2-1	217.160	220.410	3.250	3-2-1	215.350	217.350	2.000
	1-2-2	217.825	219.570	1.745	2-2-2	216.090	220.540	4.450	3-2-2	214.350	217.040	2.690
	1-2-3	216.850	217.835	0.985	2-2-3	215.030	220.540	5.510	3-2-3	213.350	216.550	3.200
导墙右	1-3-1	218.770	221.115	2.345	2-3-1	217.030	220.080	3.050	3-3-1	215.045	216.560	1.515
	1-3-2	217.850	220.710	2.860	2-3-2	215.845	220.010	4.165	3-3-2	214.370	216.005	1.635
	1-3-3	216.850	219.855	3.005	2-3-3	215.025	219.750	4.725	3-3-3	213.310	216.350	3.040
右边墙	1-4-1	218.255	221.250	2.995	2-4-1	216.460	216.910	0.450	3-4-1	214.710	215.630	0.920
	1-4-2	217.730	221.260	3.530	2-4-2	215.945	216.900	0.955	3-4-2	214.240	215.475	1.235
	1-4-3	217.280	221.250	3.970	2-4-3	215.480	216.900	1.420	3-4-3	213.750	215.710	1.960
	1-4-4	216.750	221.300	4.550	2-4-4	215.015	216.960	1.945	3-4-4	213.220	215.810	2.590

表 4-12 挑距测试结果

洪水标准	挑距(m)				
	左	左 1/2	中间	右 1/2	右
$P = 5\%$	8.0	16.0	11.0	16.0	6.0
$P = 3.3\%$	11.5	22.5	16.5	24.0	7.5
$P = 2\%$	12.5	23.5	15.0	25.0	10.0
$P = 1\%$	15.0	29.0	21.0	27.5	10.0
$P = 0.1\%$	16.5	31.0	30.0	31.0	16.0

注:挑距量测为挑流坎外缘至水舌入水面处。

4.4.4.2 冲坑

$P = 5\%$:冲坑最大深度 4.49 m,距挑流坎 15.00 m,发生在中间。左边冲坑最大深度 1.04 m,右边冲坑最大深度 0.64 m。冲积物最大堆积高度 2.48 m,冲坑范围自挑流坎下 3 m 延伸到 32.5 m。

$P = 3.3\%$:冲坑最大深度 7.49 m,距挑流坎 24.00 m,发生在中间。左边冲坑最大深度 3.87 m,右边冲坑最大深度 4.10 m。冲积物最大堆积高度 2.56 m,冲坑范围自挑流坎下 7.00 m 延伸到 46.00 m。

$P = 2\%$:冲坑最大深度 7.51 m,距挑流坎 25.00 m,发生在偏右侧。左边冲坑最大深度 4.76 m,右边冲坑最大深度 4.40 m。冲积物最大堆积高度 2.67 m,冲坑范围自挑流坎下 4.50 m 延伸到 50.00 m。

$P = 1\%$:冲坑最大深度 7.82 m,距挑流坎 26.00 m,发生在偏右侧。左边冲坑最大深度 4.89 m,右边冲坑最大深度 5.49 m。冲积物最大堆积高度 3.56 m,冲坑范围自挑流坎下 4.00 m 延伸到 55.00 m。

4.4.5 导流墙加高方案弯道水深、动水压力

原设计导流墙高 2.5 m,为进行方案比较,本试验将导流墙加高到 3.00 m,此情况下,$P = 3.3\%$、$P = 2\%$、$P = 1\%$ 三个洪水标准的弯道水深、水位测试结果见表 4-13。$P = 3.3\%$、$P = 1\%$ 洪水标准下的弯道段动水压力量测结果见表 4-14、表 4-15。

表 4-13 弯道水深、水位测试结果(导流墙加高方案)

洪水标准	桩号	左水边		导流墙左		导流墙右		右水边	
		水深(m)	水位(m)	水深(m)	水位(m)	水深(m)	水位(m)	水深(m)	水位(m)
$P = 3.3\%$	0 + 408.6	1.52	218.18	1.93	218.53	1.73	218.33	1.50	218.10
	0 + 452.2	2.98	218.71	0.65	216.38	2.79	218.52	0.78	216.51
	0 + 495.8	2.65	217.51	1.15	216.01	2.83	217.68	0.29	215.15
	0 + 539.4	2.38	216.36	1.18	215.16	2.39	216.37	1.30	215.28
	0 + 583.1	2.77	215.88	0.78	213.89	2.18	215.29	1.01	214.12

洪水标准	桩号	左水边		导流墙左		导流墙右		右水边	
		水深（m）	水位（m）	水深（m）	水位（m）	水深（m）	水位（m）	水深（m）	水位（m）
$P=2\%$	0+408.6	1.36	217.96	1.96	218.60	1.83	218.43	1.46	218.01
	0+452.2	3.03	218.75	0.68	216.50	2.78	218.52	0.76	216.49
	0+495.8	2.59	217.44	1.47	216.33	2.89	217.74	0.26	215.12
	0+539.4	2.35	216.33	1.22	215.20	2.35	216.33	1.23	215.21
	0+583.1	2.71	215.82	0.75	213.86	2.14	215.25	0.99	214.10
$P=1\%$	0+408.6	1.69	218.29	2.45	219.05	2.17	218.77	1.78	218.38
	0+452.2	3.80	219.53	0.88	216.61	3.48	219.21	1.01	216.74
	0+495.8	3.12	217.97	1.09	215.95	3.35	218.21	0.34	215.20
	0+539.4	2.86	216.84	1.53	215.51	2.67	216.65	1.30	215.28
	0+583.1	3.34	216.45	1.74	214.85	2.66	215.77	1.06	214.17

4.4.6　水流流态

4.4.6.1　闸前

在控泄情况下（$P=5\%$、$P=3.3\%$、$P=2\%$、$P=1\%$），闸前水流平稳，进闸水流均匀。在 $P=0.1\%$ 情况下，右侧受坝前来水影响，闸前水流行近流速达到 6.08 m/s，但不影响闸孔泄流。

4.4.6.2　闸室段

出闸水流平稳，基本均匀。闸室出口处流速除 1 000 年一遇外均在 12 m/s 以上。

4.4.6.3　闸后 80 m 直段

由于受闸室中墩影响，该段水流出现棱形波，但水流基本平稳、均匀。

4.4.6.4　泄槽弯道段

弯道段弯道中间设分隔导流墙，溢流道分为内、外两槽。在进口处水流基本均匀。由于受弯道影响，内、外槽的水流仍出现右侧水深小、左侧水深大。左侧最大水深发生在距上游 1/4 弯道偏下游。至弯道结束时，两槽的左、右侧水深虽然得到了调整，但仍有较大差别。弯道水流的横向比降经历了从进口由小到大，再到小的变化过程。受离心力影响，内、外槽水流分别形成两条明显的水流线，水流线右侧水深明显小于左侧水深。

（1）$P=5\%$。内槽在 0+472.2 处左侧水深达到最大，为 2.5 m，与导流墙齐平；在 0+500.8 处右侧水深最小，为 0.21 m。外槽在 0+462.2 处左侧水深最大，为 2.02 m；在 0+503.2 处右侧水深最小，为 0.35 m。

（2）$P=3.3\%$。内槽在 0+469.3 处左侧水深最大，为 2.76 m，超过导流墙高；在 0+503.3 处右侧水深最小，为 0.26 m。外槽在 0+460.2 处水深最大，为 3.25 m；在 0+452.2

表 4-14　$P=3.3\%$ 溢洪道弯道管道动水压力量测结果（导流墙加高方案）

测试位置	进口断面				中间断面				出口断面			
	测点编号	测压孔高程	测压管水头	压力水头	测点编号	测压孔高程	测压管水头	压力水头	测点编号	测压孔高程	测压管水头	压力水头
左边墙	1-1-1	219.190			2-1-1	217.545	217.650	0.105	3-1-1	215.695	215.925	0.230
	1-1-2	218.630			2-1-2	217.045	217.290	0.245	3-1-2	215.260	215.965	0.705
	1-1-3	218.205	218.250	0.045	2-1-3	216.550	217.350	0.800	3-1-3	214.740	215.860	1.120
	1-1-4	217.715	217.790	0.075	2-1-4	216.135	217.450	1.315	3-1-4	214.275	215.750	1.475
	1-1-5	217.230	217.500	0.270	2-1-5	215.555	217.250	1.695	3-1-5	213.760	215.660	1.900
	1-1-6	216.680	217.990	1.310	2-1-6	214.985	217.640	2.655	3-1-6	213.160	216.150	2.990
导墙左	1-2-1	218.695	218.915	0.220	2-2-1	217.160			3-2-1	215.350	215.250	-0.100
	1-2-2	217.825	218.150	0.325	2-2-2	216.090	216.255	0.165	3-2-2	214.350	214.350	0
	1-2-3	216.850	216.790	-0.060	2-2-3	215.030	216.240	1.210	3-2-3	213.350	214.100	0.750
导墙右	1-3-1	218.770	218.900	0.130	2-3-1	217.030	217.545	0.515	3-3-1	215.045	215.170	0.125
	1-3-2	217.850	218.310	0.460	2-3-2	215.845	217.900	2.055	3-3-2	214.370	214.425	0.055
	1-3-3	216.850	217.410	0.560	2-3-3	215.025	217.700	2.675	3-3-3	213.310	214.415	1.105
右边墙	1-4-1	218.255	218.340	0.085	2-4-1	216.460			3-4-1	214.710		
	1-4-2	217.730	218.060	0.330	2-4-2	215.945			3-4-2	214.240	214.250	0.010
	1-4-3	217.280	218.020	0.740	2-4-3	215.480	215.480	0	3-4-3	213.750	214.250	0.500
	1-4-4	216.750	218.060	1.310	2-4-4	215.015	215.270	0.255	3-4-4	213.220	214.245	1.025

表 4-15　$P=1\%$ 溢洪道弯道动水压力量测结果（导流墙加高方案）

测试位置	测点编号	进口断面 测压孔高程	进口断面 测压管水头	进口断面 压力水头	测点编号	中间断面 测压孔高程	中间断面 测压管水头	中间断面 压力水头	测点编号	出口断面 测压孔高程	出口断面 测压管水头	出口断面 压力水头
左边墙	1-1-1	219.190	219.280	0.090	2-1-1	217.545	218.130	0.585	3-1-1	215.695	215.990	0.295
	1-1-2	218.630	218.740	0.110	2-1-2	217.045	217.600	0.555	3-1-2	215.260	216.500	1.240
	1-1-3	218.205	218.510	0.305	2-1-3	216.550	217.760	1.210	3-1-3	214.740	216.410	1.670
	1-1-4	217.715	218.110	0.395	2-1-4	216.135	217.890	1.755	3-1-4	214.275	216.280	2.005
	1-1-5	217.230	217.840	0.610	2-1-5	215.555	217.660	2.105	3-1-5	213.760	216.190	2.430
	1-1-6	216.680	218.380	1.700	2-1-6	214.985	218.110	3.125	3-1-6	213.160	216.750	3.590
导墙左	1-2-1	218.695	218.850	0.155	2-2-1	217.160	217.440	0.280	3-2-1	215.350	215.350	0
	1-2-2	217.825	218.280	0.455	2-2-2	216.090	215.965	-0.125	3-2-2	214.350	214.930	0.580
	1-2-3	216.850	216.715	-0.135	2-2-3	215.030	215.625	0.595	3-2-3	213.350	214.600	1.250
导墙右	1-3-1	218.770	218.965	0.195	2-3-1	217.030	217.650	0.620	3-3-1	215.045	215.060	0.015
	1-3-2	217.850	218.490	0.640	2-3-2	215.845	218.350	2.505	3-3-2	214.370	213.860	-0.510
	1-3-3	216.850	217.640	0.790	2-3-3	215.025	218.160	3.135	3-3-3	213.310	214.050	0.740
右边墙	1-4-1	218.255	218.400	0.145	2-4-1	216.460			3-4-1	214.710	214.800	0.090
	1-4-2	217.730	218.380	0.650	2-4-2	215.945			3-4-2	214.240	214.315	0.075
	1-4-3	217.280	218.340	1.060	2-4-3	215.480	215.480	0	3-4-3	213.750	214.315	0.565
	1-4-4	216.750	218.390	1.640	2-4-4	215.015	215.325	0.310	3-4-4	213.220	214.350	1.130

处水深最小,为 0.62 m,导流墙 0 +449.7 ~0 +509.8 处溢水。

(3)$P = 2\%$。内槽在 0 +472.2 处左侧水深最大,为 3.1 m。外槽在 0 +462.2 处左侧水深最大,为 3.5 m。

(4)$P = 1\%$。外槽由于受内槽水通过导流墙溢流的影响,在 0 +462.2 ~0 +495.8 靠近导流墙处出现一三角形低水位区,并在溢流水舌底部形成真空区。外槽由于内槽的溢流,水深明显大于内槽,产生较大的横向坡。内槽在 0 +452.2 处左侧发生最大水深 3.38 m,外槽在 0 +463.2 处左侧发生最大水深 4.2 m。

(5)$P = 0.1\%$。导流墙全部处于淹没状态,内、外槽水流无明显的界限,横向水流虽不均匀,但流态优于其他标准的洪水。在左侧 0 +473.3 处发生最大水深 7.5 m,右侧 0 +513.3 处水深最小,为 1.6 m。

4.4.6.5　弯道下游 110 m 直段

该段水流自弯道导流墙末端开始,由于受内、外槽水流的影响,内槽水流顶冲左岸,外槽水流顶冲右岸,而形成人字形水流。

20 年一遇洪水左岸顶冲点位于 0 +658.1,右岸顶冲点位于 0 +689.1;30 年一遇洪水左岸顶冲点位于 0 +663.1,右岸顶冲点位于 0 +680.6;50 年一遇洪水左岸顶冲点位于 0 +666.6,右岸顶冲点位于 0 +680.6;100 年一遇洪水右岸顶冲点位于 0 +672.1,左岸无顶冲;1 000 年一遇洪水该段水流调整较好,基本平稳。

4.4.6.6　挑流段上游 60 m 陡坡段

20 年、30 年、50 年一遇洪水泄水情况下,1/4 槽内出现三角形折冲水流。100 年和 1 000年一遇洪水泄水情况下,该段槽内水流基本平稳。

4.4.6.7　挑流段

受折冲水流的影响,挑流坎左、右水深均大于中间部位,以右边水深最大,使挑流水舌呈 B 形分布。

4.4.6.8　出水渠

出水渠水流比较均匀。由于受冲坑后堆积物的影响,0 +806.9 ~0 +973.9 断面中间流速低于两边流速。弯道段右边水深大于左边水深,但相差不大。

4.4.7　加高导流墙方案的水流情况

加高导流墙后的水流与原导流墙方案的水流基本相同,不同之处有以下几点:

(1)弯道左侧最大水深略小于原导流墙方案。

(2)导流墙溢水减少,$P = 5\%$、$P = 3.3\%$、$P = 2\%$ 标准洪水下导流墙基本不溢流。

(3)导流墙负压明显减小。

(4)100 年一遇情况下弯道后的水流受折冲水流的影响较大,在陡槽与挑流段右侧出现两股较为明显的水流。

弯道前和出水渠的水流流态与原方案相同。

4.5　结论与建议

4.5.1　结论

东周水库溢洪道工程经水工模型试验得出以下结论：

(1)溢洪道工程规划设计方案基本合理。

(2)溢洪闸泄洪能力较大,100 年一遇及其以下标准的洪水泄流时,溢洪闸闸门开启高度较低,100 年一遇洪水情况下最大为 2.79 m。1 000 年一遇洪水情况下闸门全开时,库水位仅达到 229.185 m,低于调洪计算成果 230.80 m。

闸门开启高度实测值大于设计计算值。

(3)溢洪道泄槽段满足 100 年一遇洪水泄洪要求。1 000 年一遇洪水泄洪时弯道左岸水深超过边墙及护砌高度。右岸 0 +408.6 ~0 +623.1 范围内水深超过边墙高度。0 +693.1 上游 30 m 范围内水深大于边墙及护砌高度。

挑流段上游 60 m 陡坡段满足 100 年一遇洪水泄水要求,1 000 年一遇洪水泄洪时,右岸水深大于边墙高度,上半段水深超过护砌高度。左岸在挑流坎处水深超过护砌高度。

泄槽段流速实测为 5.65 ~14.03 m/s。

(4)出水渠段水流平稳,满足 100 年一遇泄水要求。1 000 年一遇洪水情况下,出水渠左、右岸全部产生漫水现象,最大水深达到 6.8 m。

(5)出水渠段 P =3.3% 情况下,流速为 3.23 ~4.6 m/s,水深为 2.505 ~4.44 m;P =2% 情况下,流速为 2.95 ~4.94 m/s,水深为 2.58 ~4.48 m;P =1% 情况下,流速为 2.46 ~5.1 m/s,水深为 2.46 ~5.92 m;P =0.1% 情况下,流速为 2.83 ~5.78 m/s,水深为 4.63 ~7.83 m。最大流速均发生在出水渠左侧。根据地质勘测报告,该段为强、弱风化带,允许流速为 3.0 ~4.5 m/s。因此,该段渠底尚不能完全满足不冲要求。

(6)泄槽弯道段设分隔导流墙后,对水流调整有利,效果较好。加高导流墙对水流调整效果不明显。局部流态较原方案稍差,出现两股水流。

(7)导流墙开始位置与墩头形状对弯道进口水流有较大影响,由于受上游水面棱形波的影响,水流直冲圆形墩头而形成较高的水舌。采用锐角三角形墩头比半圆形墩头效果要好。

(8)挑流坎各部尺寸设计基本合理,挑距及冲坑深量测值小于设计计算值。消能效果为:①综合消能,计算断面为闸前与 0 +973.9,30 年一遇洪水消能效果为 67.7%,50 年一遇洪水为 65.2%,100 年一遇洪水为 66.1%;②挑流消能,计算断面为 0 +693.1 与 0 +973.9,30 年一遇洪水消能效果为 84.9%,50 年一遇洪水为 85.4%,100 年一遇洪水为 82.2%。消能效果较好。

(9)冲坑处弱风化深度小,挑射水流对出水渠首部造成冲刷,并向下游延伸。冲坑后在出水渠首部中间造成较高的堆积,使该处水位较高。

(10)弯道边墙不出现负压。导流墙进口左侧 30 年一遇洪水最大负压为 2.12 m,100 年一遇洪水为 0.10 m;导流墙进口右侧 30 年一遇洪水最大负压为 0.68 m,100 年一遇洪水为 0.59 m。导流墙出口右侧 100 年一遇洪水最大负压为 0.44 m。采用锐角三角形墩头后导流墙进口 30 年一遇洪水最大负压为 0.06 m,100 年一遇洪水为 0.135 m,导流墙中间断面左侧最大负压为 0.125 m。因此,导流墙不会产生气蚀。

4.5.2　建议

(1)闸门运用方式:20 年一遇、30 年一遇、50 年一遇、100 年一遇洪水泄水时采用控泄,闸门开启高度可按模型试验值确定,1 000 年一遇洪水泄水时闸门全开。

(2)泄槽弯道轴线设高 2.5 m 的导流墙,长 178.5 m,导流墙开始位置为 0 + 404.6。上下游墩头形状可采用锐角三角形或圆弧形,导流墙厚度为 1.0 m,墙顶可采用梯形或圆弧形。

(3)闸后 80 m 直段设计边墙高度 10 m,偏高,建议该段边墙高度为 6 m,上部用喷混凝土护面。

(4)弯道右边墙高度建议为 2.5 m,左边墙高度建议为 4.0 m。

(5)冲坑左侧最大冲坑深 4.89 m,右侧最大冲坑深 5.49 m,建议冲坑处左边墙底部高程为 199.4 m,右侧为 198.9 m,或者基础深度达到微风化岩石。

(6)0 + 757.9 ~ 0 + 860 边墙高程自 212.84 m 按直线变化至 208.8 m。

(7)导流墙结构计算动水压力可参考实测值选用。

(8)出水渠部分断面实测最大流速稍大于不冲流速,建议出水渠底部视开挖情况对强风化部位进行局部护砌。由于出水渠左右岸边流速较大,为防止淘刷边墙基础,建议边墙基础深大于 1.0 m。

(9)1 000 年一遇洪水泄洪时危及东周村安全,建议予以考虑。

第5章　黄前水库溢洪道水工模型试验

5.1　概　述

根据《泰安市黄前水库除险加固工程可行性研究报告》,工程设计情况简介如下。

5.1.1　工程概况

黄前水库位于黄河流域大汶河支流石汶河上游,山东省泰安市岱岳区黄前镇黄前村北 1 km 处,是一座以防洪为主,兼顾城市供水、农业灌溉、水力发电、水产养殖等综合利用的重点中型水库。水库坝址以上流域面积 292 km^2。水库大坝距泰安市区和京沪铁路 16 km,距辛泰铁路、泰莱高速公路及京沪高速公路 10 km,溢洪闸下游 310 m 处是济临公路桥。大坝以下保护农田 3.4 万 hm^2,人口 30 万人,地理位置十分重要。水库死水位 190.6 m,死库容 440 万 m^3,兴利水位 209.0 m,兴利库容 5 913 万 m^3,设计洪水位 211.33 m,校核洪水位 211.8 m,水库总库容 8 248 万 m^3。

5.1.2　工程等级及设计标准

5.1.2.1　**工程等级及建筑物级别**

依据《防洪标准》(GB 50201—94)及《水利水电工程等级划分及洪水标准》(SL 252—2000),黄前水库枢纽工程建筑物等别为Ⅲ等,大坝、溢洪道、放水洞等主要建筑物级别为 3 级,次要建筑物为 4 级。

5.1.2.2　**防洪标准**

依据《防洪标准》(GB 50201—94),黄前水库防洪标准为:正常运用(设计)洪水标准为 100 年一遇($P = 1\%$),非常运用(校核)洪水标准为 2 000 年一遇($P = 0.05\%$)。依据《溢洪道设计规范》(SL 253—2000),溢洪道消能防冲标准为 30 年一遇洪水设计($P = 3.3\%$)。

5.1.3　洪水调节计算结果

黄前水库洪水调节计算结果见表 5-1。

5.1.4　溢洪道工程设计概况

溢洪道工程主要由进水渠、闸室段、泄槽段、消能段、出水渠等部分组成,如图 5-1 所示。

5.1.4.1　**进水渠**

进水渠为对称式喇叭口形式,长 24.4 m,底坡 $i = 0$,底高程 201.00 m,始端宽 92.0 m,末端宽 83.4 m,与溢洪闸相连,进水渠底做 C20 混凝土铺盖。

表 5-1　黄前水库洪水调节计算结果

洪水标准(%)	入库洪峰流量(m³/s)	最大泄量(m³/s)	最高洪水位(m)	闸门运用方式
0.05	5 830	3 530	211.17	自由泄洪
0.1	5 220	3 380	210.88	自由泄洪
1.0	2 680	2 640	209.40	自由泄洪
2.0	2 150	1 500	209.34	控泄 1 500 m³/s
3.3	1 860	1 500	209.10	控泄 1 500 m³/s
5.0	1 480	1 480	209.00	控泄 1 480 m³/s

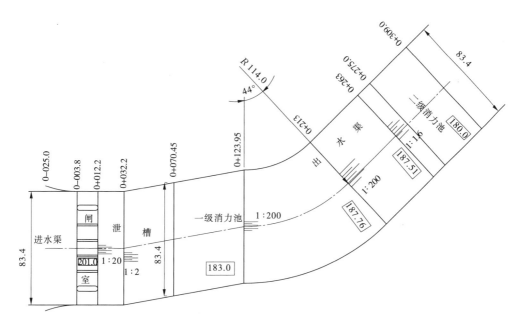

图 5-1　黄前水库溢洪道平面布置图　(单位:m)

5.1.4.2　闸室

闸室为正槽开敞式宽顶堰型混凝土结构,长 16.0 m,宽 83.4 m,共 7 孔,每孔净宽 10.0 m,中孔中墩宽 1.4 m,边孔中墩宽 3.9 m。闸室底高程 201.00 m。闸室设有 7 扇弧形钢闸门,闸门尺寸 10 m×8 m(宽×高),门顶高程 209.00 m。

在闸门底增加驼峰堰,堰高 1.0 m,堰顶高程 202.00 m。

5.1.4.3　泄槽

泄槽总长 58.25 m,为矩形断面钢筋混凝土结构,宽 83.4 m,分两段:第一段长 20.0 m,始端高程 201.00 m,末端高程 200.00 m,底坡 $i=0.05$;第二段长 38.25 m,轴线比闸室偏 10°,底坡 1:2,始端高程 200.00 m,末端高程 183.00 m。

5.1.4.4　消能段

消能段采用综合式消力池,为矩形断面钢筋混凝土结构,宽 83.4 m,池长 53.5 m,池深 5.2 m,池底高程 183.00 m,坎高 0.6 m,坎底宽 1.5 m。

5.1.4.5　出水渠

出水渠总长 183.546 m,为矩形断面钢筋混凝土结构,共分三段:第一段为圆弧弯道,中轴线半径 114.0 m,圆心角 44°,中轴线长 87.546 m,底坡 $i = 0.005$;第二段为直线段,长 50 m,底坡 $i = 0.005$;第三段为二级消力池,总长 46 m,其中陡坡段长 12 m,始端高程 187.51 m,末端高程 180.00 m,底坡 1:1.6。消力池长 34 m,池底高程 180.00 m,池深 1.6 m,尾坎顶宽 1.0 m,高 1.4 m,坎顶高程 183.00 m。

二级消力池后接开挖清理的天然河道,消力池坎后河底高程 181.6 m。工程设计中采用的糙率值为:混凝土 0.016,浆砌块石 0.023,天然河道 0.035。

5.2　模型设计与制作

5.2.1　模型试验任务

5.2.1.1　模型试验任务

根据工程建设单位和设计单位的要求,本次模型主要对溢洪道工程进行水工模型试验,试验的主要任务是:①测试闸门全开和控泄时闸室泄流能力;②测试溢洪道自由泄流和控制泄流情况下驼峰堰的综合流量系数;③测试消力池在下泄不同流量情况下的消能效果、流速分布和流态分析,提出消力池修改方案;④测试溢洪道在下泄不同流量情况下的流速分布、流态分析,提出修改设计方案;⑤测试溢洪道下泄不同流量情况下济临公路桥的过水能力和对溢洪道泄流的影响。

5.2.1.2　模型试验范围

根据模型试验任务,黄前水库溢洪道工程水工模型试验的范围为黄前水库溢洪道全部工程,自闸前进水渠开始到出水渠济临公路桥下游 150 m,整个模型试验的范围为 200 m×500 m。主要建筑物为溢洪闸和消力池消能工程。

5.2.2　模型设计

5.2.2.1　相似准则

本模型试验主要研究溢洪闸过水能力、溢洪道水流流态和消能情况。根据水流特点,为重力起主要作用的水流。因此,本模型试验按重力相似准则进行模型设计,同时保证模型水流流态与原型水流流态相似。

5.2.2.2　模型类别

根据模型试验任务和模型试验范围,本模型选用正态、定床整体模型。

5.2.2.3　模型比尺

根据模型试验范围和整体模型试验要求,结合试验场地和设备供水能力,选定模型长度比尺 $L_r = 50$,其他各物理量比尺为

流量比尺:$Q_r = 50^{2.5} = 17\,678$;

流速比尺:$V_r = 50^{1/2} = 7.07$;

糙率比尺：$n_r = 50^{1/6} = 1.92$；

时间比尺：$T_r = 50^{1/2} = 7.07$。

5.2.2.4　模型布置

根据试验范围和模型试验任务要求，模型池尺寸为 6 m × 15 m。建筑物、河道和地形尺寸及高程按长度比尺设计，模型用材料按糙率比尺选择。

5.2.2.5　溢洪闸

闸室总宽 166.8 cm，闸室长 32.0 cm，弧形闸门 20.0 cm × 16.0 cm（宽 × 高），每孔净宽 20.0 cm，中孔墩厚 2.8 cm，边孔中墩厚 7.8 cm。根据糙率比尺，模型闸室材料用聚氯乙烯塑料板制作，糙率为 0.008 3，驼峰堰用木板包塑制作，堰高 2.0 cm。

5.2.2.6　泄槽段

泄槽总长 116.5 cm，宽 166.8 cm，为矩形断面，槽底和边墙均用聚氯乙烯塑料板制作，糙率为 0.008 3，分两段：第一段长 40.0 cm，始端高程 201.00 m，末端高程 200.00 m，底坡 $i = 0.05$；第二段长 76.5 cm，轴线比闸室偏 10°，底坡 $i = 0.05$，始端高程 200.00 m，末端高程 183.00 m。

5.2.2.7　消能段

综合式消力池为矩形断面，池底和边墙均用聚氯乙烯塑料板制作，池宽 166.8 cm，池长 107.0 cm，池深 10.4 cm，池底高程 183.00 m，坎高 1.2 cm，坎底宽 3.0 cm。

5.2.2.8　出水渠

出水渠总长 367.1 cm，为矩形断面，槽底和边墙均用聚氯乙烯塑料板制作，共分三段：第一段为圆弧弯道，中轴线半径 228.0 cm，圆心角 44°，中轴线长 175.1 cm，底坡 $i = 0.005$；第二段为直线段，长 100.0 cm，底坡 $i = 0.005$；第三段为二级消力池，总长 92 cm，其中陡坡长 25.0 cm，始端高程 187.51 m，末端高程 180.00 m，底面比降 1∶1.6。消力池长 68 cm，池底高程 180.00 m，池深 3.2 cm，尾坎顶宽 2.0 cm，高 2.8 cm，坎顶高程 183.00 m。

二级消力池济临公路桥后按天然河道地形用水泥砂浆抹面。

5.2.3　模型制作

根据水工模型试验要求，为确保水工模型试验精度，模型制作严格按模型设计和《水工（常规）模型试验规程》（SL 155—1995）的要求进行。

闸室段、泄槽、消力池、济临公路桥前出水渠和公路桥由木工按模型设计尺寸分段制作，精度控制在误差 ±0.2 mm 以内。制作完成后在模型池内进行整体安装，长度误差控制在 ±5 mm 以内，高程误差控制在 ±0.3 mm 以内。

其他段在模型池内现场制作。制作时，模型尺寸用钢尺量测，建筑物高程误差控制在 ±0.3 mm 以内。

公路桥后天然河道地形的制作先用土夯实，上面用水泥砂浆抹面 1～2 cm。地形高程误差控制在 ±2.0 mm 以内。

5.3　模型测试

5.3.1　模型测试方案

根据模型试验任务,本次模型试验需测试以下 7 个方案:

(1)$P=3.3\%$,溢洪闸泄洪 1 500 m³/s,库水位 209.10 m。模型放水流量 0.085 m³/s,控制库水位达到 209.10 m,量测闸门开启高度及各断面的水深、流速,消力池水跃长度,有关断面的动水压力。

(2)$P=2\%$,溢洪闸泄洪 1 500 m³/s,库水位 209.34 m。模型放水流量 0.085 m³/s,控制库水位达到 209.34 m,量测闸门开启高度及各断面的水深、流速,消力池水跃长度,有关断面的动水压力。

(3)$P=1\%$,溢洪闸泄洪 2 640 m³/s。模型放水流量 0.149 3 m³/s,量测水库水位及各断面的水深、流速,消力池水跃长度,有关断面的动水压力。

(4)$P=0.05\%$,溢洪闸泄洪 3 530 m³/s。模型放水流量 0.20 m³/s,量测水库水位及各断面的水深、消力池水跃长度。

(5)水库水位—溢洪道泄量测试。分别测试有驼峰堰和无驼峰堰溢洪道自由出流情况下水库水位—溢洪道泄量关系。

(6)驼峰堰综合流量系数测试。分别测试堰流和闸孔出流情况下驼峰堰综合流量系数。

(7)修改模型进行有关试验。

5.3.2　测试断面设计

根据模型试验任务,本试验工程段共设计了 16 个测试断面,河道段设计了 3 个测试断面,各断面设计了左、中、右 3 条测垂线,测试断面见表 5-2。

表 5-2　测试断面设计

序号	桩号	位置	高程(m)
1	0 − 025.0	闸前铺盖	201.000
2	0 − 003.8	闸前	201.000
3	0 + 000	闸室堰顶	202.000
4	0 + 012.2	闸室出口	201.000
5	0 + 32.2	直段末	200.000
6	0 + 051.0	陡坡中间(左 191.09,右 191.29)	191.380
7	0 + 070.0	消力池开始	183.000
8	0 + 098.0	消力池中间	183.000
9	0 + 125.0	消力池尾坎	188.800
10	0 + 169.0	弯道中间	187.980

续表 5-2

序号	桩号	位置	高程(m)
11	0+213.0	弯道末	187.760
12	0+263.0	直段末	187.510
13	0+275.5	消力池开始	180.000
14	0+292.8	消力池中间	180.000
15	0+309.5	消力池尾坎	183.000
16	0+321.0	桥后	179.000
17	0+361.0	河道	
18	0+401.0	河道	
19	0+461.0	河道	

5.3.3　动水压力测试

为观测溢洪道陡坡和弯道处水流的动水压力,本试验分别在 1:2 陡坡起、始和弯道中间处设计了 3 个动水压力测试断面,每个断面在左右边墙、槽底左 1/4 宽、槽底右 1/4 宽和槽底中 5 个位置布置了 13 个测点,3 个断面共 39 个测点。

动水压强用测压管观测。测压孔内径为 2 mm,孔口与边壁垂直,测压管用 1 cm 的玻璃管,测压管与测压孔用 2~3 mm 的塑料管连接。

5.4　试验成果

本次模型试验取得了以下试验成果。

5.4.1　溢流堰综合流量系数

本模型试验对有、无驼峰堰情况下闸室综合流量系数进行了多组测试,测试结果见表 5-3、表 5-4。

由表 5-3 对闸孔出流综合流量系数进行统计分析得到综合流量系数(U)与闸门相对开启高度(e/H)的关系曲线为

$$U = 0.745\,2 - 0.326\,6e/H \quad (相关系数为 0.968)$$

表 5-3　驼峰堰综合流量系数测试结果

库水位 (m)	流量 (m³/s)	闸门开度 e(m)	上游水深 H(m)	流速 v (m/s)	下游水深 h_s(m)	收缩水深 h_c(m)	相对开度 e/H	综合流量系数 实测	综合流量系数 计算	流态
205.560	552	1.5	3.700	1.18	1.00	1.090	0.41	0.611	0.608	自由孔流
205.665	414	1.0	3.850	0.85	1.03	0.730	0.26	0.677	0.636	自由孔流
205.765	711	2.0	3.800	1.48	1.30	1.375	0.53	0.580	0.585	自由孔流
205.970	868	2.5	3.850	1.75	1.585		0.65	0.560	0.562	自由孔流
206.490	1 073	3.0	4.575	1.88	1.93		0.66	0.529	0.560	自由孔流

续表 5-3

库水位 (m)	流量 (m³/s)	闸门开度 e(m)	上游水深 H(m)	流速 v (m/s)	下游水深 h_s(m)	收缩水深 h_c(m)	相对开度 e/H	综合流量系数 实测	综合流量系数 计算	流态
207.005	1 282	3.5	4.950	2.15	2.24		0.71	0.519	0.550	自由孔流
207.020	868	2.0	5.100	1.43	1.39		0.39	0.614	0.610	自由孔流
207.310	711	1.5	5.400	1.08	1.08		0.28	0.655	0.632	自由孔流
207.315	1 073	2.5	5.375	1.48	1.65		0.47	0.591	0.597	自由孔流
207.665	1 282	3.0	5.720	1.84	1.98		0.52	0.568	0.585	自由孔流
207.955	1 807	全开	5.700	2.73	3.30			0.389		自由堰流
207.980	1 476	3.5	6.050	2.07	2.28		0.58	0.541	0.575	自由孔流
207.995	1 623	4.0	6.100	2.23	2.34		0.66	0.519	0.560	自由孔流
208.222	1 948	全开	6.100	2.69	3.53			0.382		自由堰流
208.610	2 136	全开	6.400	2.70	3.67			0.391		自由堰流
208.755	1 787	4.00	6.800	1.95	2.77		0.59	0.541	0.573	自由孔流
208.935	2 280	全开	6.700	2.83	4.08			0.388		自由堰流
209.100	1 500	3.0	7.137	0.95	2.32	2.15	0.42	0.602	0.605	自由孔流
209.340	1 500	2.9	7.500	1.70	2.41	2.03	0.39	0.604	0.611	自由孔流
209.515	2 577	全开	7.200	3.15	4.43			0.389		自由堰流
209.685	2 640	全开	7.240	3.42	4.07			0.385		自由堰流
209.835	2 721	全开	7.550	3.23	4.69			0.382		自由堰流
211.260	3 580	全开	8.800	3.44	3.18			0.400		自由堰流

注:实用堰闸孔出流综合流量系数参考 $U = 0.685 - 0.19e/H$ 计算。

表 5-4   宽顶堰综合流量系数测试结果

库水位 (m)	流量 (m³/s)	闸门开度 e(m)	上游水深 H(m)	流速 v(m/s)	相对开度 e/H	综合流量系数	流态
209.470	2 640	全开	7.870	3.35		0.347	自由堰流
211.005	3 530	全开	9.325	3.68		0.359	自由堰流
210.705	3 398	全开	9.115	3.67		0.357	自由堰流
210.105	3 032	全开	8.545	3.53		0.352	自由堰流
209.630	2 790	全开	8.120	3.41		0.350	自由堰流
210.310	3 159	全开	8.740	3.61		0.350	自由堰流
208.870	2 408	全开	7.385	3.32		0.347	自由堰流
208.425	2 199	全开	6.970	3.23		0.345	自由堰流
207.955	2 003	全开	6.850	3.10		0.325	自由堰流

续表 5-4

库水位 （m）	流量 （m³/s）	闸门开度 e(m)	上游水深 H(m)	流速 v(m/s)	相对开度 e/H	综合 流量系数	流态
207.485	1 798	全开	6.135	3.04		0.342	自由堰流
206.865	1 538	全开	5.510	2.97		0.341	自由堰流
206.250	1 306	全开	4.995	2.81		0.336	自由堰流
205.270	944	全开	4.000	2.52		0.338	自由堰流
204.255	635	全开	3.100	2.28		0.332	自由堰流
202.945	285	全开	1.870	1.82		0.316	自由堰流
209.340	1 500	2.95	8.375	1.69	0.352	0.562	自由孔流
209.100	1 500	3.00	8.095	1.82	0.371	0.561	自由孔流
209.440	1 614	3.25	8.485	1.74	0.383	0.545	自由孔流
208.195	1 427	3.25	7.125	1.94	0.456	0.524	自由孔流
209.255	1 427	2.82	8.280	1.58	0.341	0.563	自由孔流
207.710	1 204	2.82	6.615	1.77	0.426	0.529	自由孔流
208.805	1 204	2.35	7.895	1.44	0.298	0.584	自由孔流
207.055	1 002	2.35	6.110	1.62	0.385	0.551	自由孔流
208.570	1 002	1.90	7.685	1.15	0.247	0.611	自由孔流
207.090	988	1.90	6.185	1.33	0.307	0.670	自由孔流
209.515	988	1.44	8.580	0.70	0.168	0.755	自由孔流
208.120	758	1.44	7.230	0.85	0.199	0.630	自由孔流

5.4.2　闸门开启高度及水库水位

经测试，各种标准洪水闸门开启高度及水库水位如下：

（1）$P=3.3\%$。有堰，闸门开启高度 3.0 m；无堰，闸门开启高度 3.0 m，水库水位 209.10 m。

（2）$P=2\%$。有堰，闸门开启高度 2.90 m；无堰，闸门开启高度 2.95 m，水库水位 209.40 m。

（3）$P=1\%$。闸门全开，有堰，水库水位 209.685 m；无堰，水库水位 209.47 m。

（4）$P=0.05\%$。闸门全开，有堰，水库水位 211.26 m；无堰，水库水位 211.005 m。

5.4.3　水库水位—溢洪闸泄量关系

本次试验测试了闸室有驼峰堰和无驼峰堰两种情况下水库水位—溢洪闸泄量关系，结果见表 5-5 和图 5-2、图 5-3。

表 5-5　水库水位—溢洪闸泄量关系

序号	有堰		无堰	
	水库水位(m)	溢洪闸泄量(m³/s)	水库水位(m)	溢洪闸泄量(m³/s)
1	202.965	136	202.945	285
2	203.505	263	204.255	635
3	203.705	316	205.270	944
4	204.190	445	206.250	1 306
5	204.640	582	206.865	1 538
6	205.450	831	207.485	1 798
7	206.005	1 027	207.955	2 003
8	206.860	1 331	208.425	2 199
9	207.305	1 519	208.870	2 408
10	207.685	1 674	209.470	2 640
11	208.595	2 068	209.630	2 790
12	209.685	2 640	210.105	3 032
13	209.900	2 682	210.310	3 159
14	210.340	2 903	210.705	3 398
15	210.685	3 104	211.005	3 530
16	210.830	3 194		
17	210.975	3 283		
18	211.055	3 320		
19	211.260	3 580		

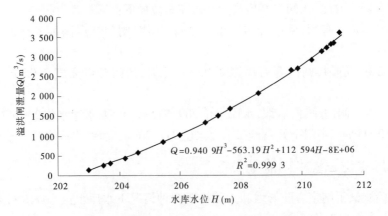

$$Q = 0.940\ 9H^3 - 563.19H^2 + 112\ 594H - 8E+06$$
$$R^2 = 0.999\ 3$$

图 5-2　有堰情况下水库水位—溢洪闸泄量关系

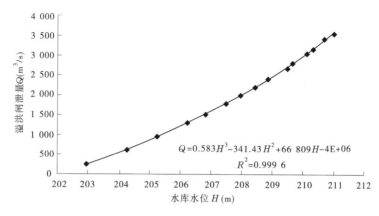

图 5-3 无堰情况下水库水位—溢洪闸泄量关系

5.4.4 各种标准洪水水位、水深、流速测试结果

5.4.4.1 原设计方案

$P = 3.3\%$、$P = 2\%$、$P = 1\%$、$P = 0.05\%$ 情况下各测试断面的水位、水深、流速测试结果见表 5-6 ~ 表 5-9。

5.4.4.2 修改设计方案一

根据对原设计方案模型试验中出现的二级消力池后公路和公路桥严重阻水的情况,经与建设单位和设计单位协商,对原设计方案进行了修改,即将原二级消力池缩短 8 m,重新进行了模型试验。$P = 2\%$、$P = 1\%$ 情况下溢洪道 0 + 263 及以后各测试断面的水深、水位、流速测试结果见表 5-10。

5.4.4.3 修改设计方案二

修改设计方案二为拆除消力池后的公路和公路桥,新建一跨度 83.4 m 的混凝土板桥,桥后河底设计高程为 180.0 m,并对右岸进行开挖。

修改设计方案二 $P = 2\%$、$P = 1\%$ 情况下溢洪道 0 + 263 及以后各测试断面的水深、水位、流速测试结果见表 5-11。

5.4.5 动水压力测试结果

经测试,30 年一遇、50 年一遇、100 年一遇和 2 000 年一遇洪水情况下,3 个测试断面各测点的动水压力测试结果见表 5-12 ~ 表 5-15。

5.4.6 水流流态

5.4.6.1 原设计方案

1)闸前

在控泄情况下($P = 2\%$、$P = 3.3\%$),闸前水流基本平稳,八字翼墙处水位虽有局部降落,但进闸水流基本均匀。在 $P = 1\%$ 和 $P = 0.05\%$ 情况下,闸前水流基本平稳,但八字翼墙处水位局部出现较为明显的降落,对两边孔进闸水流有一定影响,其他闸孔进闸水流基本均匀。

表5-6　P=3.3% 断面水位、水深、流速测试结果

断面	左 水位(m)	左 水深(m)	左 平均流速(m/s)	左 最大流速(m/s)	中心线 水位(m)	中心线 水深(m)	中心线 平均流速(m/s)	中心线 最大流速(m/s)	右 水位(m)	右 水深(m)	右 平均流速(m/s)	右 最大流速(m/s)
	距溢洪道中心左41.7 m				距溢洪道中心左20.85 m				溢洪道中心			
0-025	209.190	8.190	0.83	0.84	209.110	8.110	1.06	1.10	209.110	8.110	1.06	1.06
0-003.8	209.075	8.075	1.33	2.10	209.290	8.290	1.37	1.78	209.290	8.290	1.37	1.78
0+000	204.065	2.065	9.58	10.60	204.240	2.240	8.92	10.32	204.240	2.240	8.92	10.32
0+012.2	203.485	2.985	10.18	10.54	203.150	2.150	11.03	11.52	203.150	2.150	11.03	11.52
0+032.2	201.775	1.775	10.40	10.62	201.445	1.445	11.00	11.20	201.505	1.505	10.08	1065
0+051	192.135	1.135	5.40	5.40	192.460	1.370	14.95	14.95	192.840	1.750	14.93	14.93
0+070	192.480	9.480	2.69	2.90	191.490	8.490	4.51	8.33	192.410	9.410	7.66	13.47
0+098	192.150	9.150	3.92	4.33	193.520	10.520	3.73	6.52	194.150	11.150	6.75	9.02
0+125	193.075	4.275	2.76	3.45	193.480	4.680	4.95	6.50	194.310	5.510	6.12	7.42
0+169	189.975	1.995	7.05	7.33	190.200	2.220	7.48	7.90	191.955	3.975	6.76	7.31
0+213	188.610	0.850	7.74	7.74	191.475	3.715	5.89	5.99	192.355	4.595	7.04	7.43
0+263	189.090	1.580	4.68	4.90	189.615	2.105	7.62	8.19	190.145	2.635	8.23	8.87
0+275.5	188.440	8.440	2.44	3.96	188.150	8.150	3.92	7.05	187.275	7.275	5.01	8.22
0+292.8	188.655	8.655	2.37	3.50	188.550	8.550	2.84	4.29	188.820	8.820	4.33	6.43
0+309.5	188.275	5.275	5.95	7.30	188.625	5.625	5.45	6.69	190.615	7.615	2.10	2.57
原河道												
0+321	182.650	3.650	8.05	8.74	182.320	3.320	10.07	10.34	182.210	3.210	6.82	8.40
0+361	183.825	5.355	3.53	3.62	180.635	4.835	10.28	10.95	181.535	0.510		
0+401	188.670	3.300	5.91	6.07	183.150	5.500	8.84	9.55	181.475	3.675	5.98	6.26
0+441	179.065	1.145	7.14	7.14	178.225	2.025	10.91	11.45	178.735	2.635	11.03	11.66

表 5-7　$P=2\%$ 断面水位、水深、流速测试结果

断面	左				中心线				右			
	水位(m)	水深(m)	平均流速(m/s)	最大流速(m/s)	水位(m)	水深(m)	平均流速(m/s)	最大流速(m/s)	水位(m)	水深(m)	平均流速(m/s)	最大流速(m/s)
0-025	209.375	8.375	1.51	1.57	209.605	8.605	1.90	1.914	209.605	8.605	1.90	1.914
0-003.8	209.235	8.235	3.43	5.34	209.510	8.510	2.74	3.84	209.000	7.995	2.75	3.93
0+000	204.190	2.190	9.32	9.43	204.120	2.120	10.08	12.20	204.485	2.485	9.49	10.10
0+012.2	203.475	2.475	10.42	10.51	203.060	2.060	10.99	11.23	203.700	2.700	10.14	10.36
0+032.2	201.635	1.635	10.48	11.28	201.445	1.445	11.50	11.50	201.600	1.600	10.76	10.96
0+051	192.175	0.765	8.70	8.70	192.930	1.550	16.95	16.95	192.960	1.580	16.98	16.98
0+070	192.690	9.690	2.24	2.53	191.410	8.410	4.74	8.61	191.000	8.000	6.60	11.10
0+098	192.110	9.110	3.47	3.56	193.130	10.130	3.80	6.55	194.240	11.240	6.62	9.10
0+125	193.285	4.485	2.95	3.79	193.415	4.615	4.99	6.13	194.410	5.610	6.31	7.39
0+169	189.705	1.725	7.10	7.67	190.135	2.155	7.62	8.54	191.945	3.965	6.94	7.26
0+213	188.350	0.590	7.94	7.94	191.225	3.465	6.01	6.19	192.370	4.610	6.84	7.39
0+263	188.925	1.415	5.03	5.03	189.665	2.155	8.31	8.58	190.055	2.545	8.95	9.50
0+275.5	188.585	8.585	2.46	4.08	187.980	7.980	3.78	6.81	187.470	7.470	5.13	9.06
0+292.8	189.130	9.130	2.56	3.90	188.615	8.615	3.38	5.41	188.905	8.905	3.98	5.64
0+309.5	188.480	5.480	6.69	8.63	188.535	5.535	6.21	7.35	190.390	7.390	0.52	0.58
原河道	距溢洪道中心左41.7 m				距溢洪道中心左20.85 m				溢洪道中心			
0+321	182.610	3.610	9.35	10.76	182.355	3.355	10.09	10.34	181.800	2.800	5.99	9.35
0+361	184.390	5.400	3.43	3.65	180.525	4.725	11.46	12.06	181.625	0.600	6.13	6.13
0+401	187.975	2.605	6.25	6.45	183.195	5.545	9.61	10.36	181.435	3.635	6.78	7.20
0+441	179.010	1.090	7.44	7.44	178.140	1.940	12.25	12.6	178.965	2.595	11.67	12.30

表 5-8　$P=1\%$ 断面水位、水深、流速测试结果

断面	左				中心线				右			
	水位(m)	水深(m)	平均流速(m/s)	最大流速(m/s)	水位(m)	水深(m)	平均流速(m/s)	最大流速(m/s)	水位(m)	水深(m)	平均流速(m/s)	最大流速(m/s)
0-025	209.620	8.620	2.48	2.58	209.285	8.285	3.37	3.43	208.800	7.800	4.40	4.40
0-003.8	208.850	7.850	3.86	5.20	208.720	7.720	4.77	4.94	207.500	6.500	3.38	3.98
0+000												
0+012.2	205.425	4.425	9.25	9.95	204.990	3.990	9.91	10.36	204.795	3.795	8.12	8.73
0+032.2	202.340	2.340	11.25	11.63	202.450	2.450	11.43	11.80	202.425	2.425	10.30	10.80
0+051	192.265	1.175	10.94	10.94	193.805	2.505	16.65	16.65	195.315	4.025	13.52	13.52
0+070	191.905	8.905	3.84	6.55	192.060	9.060	7.86	13.20	192.570	9.570	10.76	15.99
0+098	194.560	11.560	1.87	2.28	195.015	12.015	3.89	6.40	195.495	12.495	8.86	12.65
0+125	194.350	5.550	3.38	4.28	195.220	6.420	5.89	6.93	196.625	7.825	8.09	9.96
0+169	189.725	1.745	8.86	9.16	191.210	3.230	8.53	8.83	194.135	6.155	7.56	8.09
0+213	190.015	2.255	3.94	6.64	192.535	4.775	7.00	7.11	194.340	6.580	7.94	8.12
0+263	190.660	3.150	2.27	2.42	191.040	3.530	8.75	9.40	191.190	3.680	9.35	10.30
0+275.5	191.050	11.050	1.09	1.26	190.375	10.375	4.26	5.95	191.165	11.165	3.96	5.49
0+292.8	191.365	11.365	1.68	1.76	191.650	11.650	3.74	5.92	191.275	11.275	3.72	5.61
0+309.5	192.750	9.750	2.15	2.83	191.165	8.165	5.76	7.56	191.115	8.115	4.80	6.13
原河道	距溢洪道中心左41.7 m				距溢洪道中心左20.85 m				溢洪道中心			
0+321	187.375	8.375	7.85	8.19	185.755	6.755	8.57	9.60	184.600	5.600	7.05	10.85
0+361	185.283	6.295	8.18	8.56	182.190	6.390	11.96	12.36	183.155	2.130	9.33	9.47
0+401	190.455	5.085	7.79	8.13	185.080	7.430	10.36	11.01	182.235	4.435	8.79	9.10
0+441	179.820	1.900	12.24	12.24	179.335	3.135	13.05	13.46	179.775	3.675	12.83	13.14

表 5-9　$P=0.05\%$ 断面水位、水深、流速测试结果

断面	左				中心线				右			
	水位(m)	水深(m)	平均流速(m/s)	最大流速(m/s)	水位(m)	水深(m)	平均流速(m/s)	最大流速(m/s)	水位(m)	水深(m)	平均流速(m/s)	最大流速(m/s)
0−025	211.175	10.175			210.825	9.825	3.44		210.400	9.400		
0−003.8	210.400	9.400			210.100	9.100	5.49		208.850	7.850		
0+000												
0+012.2	206.700	5.700			206.250	5.250	10.56		206.140	5.140		
0+032.2	203.100	3.100			203.400	3.400	11.21		203.025	3.025		
0+051	193.340	2.250			194.335	2.955	16.86		196.670	5.380		
0+070	193.300	10.300			193.750	10.750	12.16		192.500	9.500		
0+098	195.850	12.850			196.750	13.750	8.19		197.550	14.550		
0+125	195.900	7.100			197.900	9.100	6.54		199.200	10.400		
0+169	190.530	2.550			195.730	7.750	9.74		196.430	8.450		
0+213	191.510	3.750			193.760	6.000	7.46		195.210	7.450		
0+263	192.160	4.650			192.260	4.750	11.24		192.810	5.300		
0+275.5	192.300	12.300			192.500	12.500	2.79		193.600	13.600		
0+292.8	192.300	12.300			193.500	13.500	4.97		192.750	12.75		
0+309.5	192.300	9.300			193.700	10.700	5.90		194.000	11.000		
原河道	距溢洪道中心左 41.7 m				距溢洪道中心左 20.85 m				溢洪道中心			
0+321												
0+361	186.840	7.850			183.800	8.000			182.850	1.825	12.22	
0+401	191.620	6.250			187.150	9.500			183.300	5.500	7.85	
0+441	183.170	5.250			179.700	3.500			180.975	4.875	12.50	

表 5-10 断面水位、水深、流速、测试结果（修改设计方案一）

断面	左				中心线				右			
	水位 (m)	水深 (m)	平均流速 (m/s)	最大流速 (m/s)	水位 (m)	水深 (m)	平均流速 (m/s)	最大流速 (m/s)	水位 (m)	水深 (m)	平均流速 (m/s)	最大流速 (m/s)
					$P=2\%$							
0+263	189.385	1.875	4.06	4.31	189.715	2.205	7.85	8.40	190.640	3.130	8.60	9.37
0+275.5	187.820	7.820	2.43	4.13	187.830	7.830	3.95	7.06	187.880	7.880	5.99	9.23
0+301.5	188.260	5.260	5.30	6.88	188.410	5.410	4.95	5.72	190.735	7.735	2.79	3.67
0+314	182.890	3.890	7.70	8.68	182.740	3.740	8.00	8.25	184.460	5.460	7.59	7.71
原河道	距溢洪道中心左41.7 m				距溢洪道中心左20.85 m				溢洪道中心			
0+361	184.435	5.445	4.46	4.80	181.165	5.365	10.74	11.10	181.010	3.210	7.54	8.02
0+401	188.110	2.740	6.07	6.30	182.390	4.740	9.99	10.37	178.865	2.765	11.06	11.58
0+441	179.000	1.080	6.42	6.42	177.970	1.770	11.49	11.49				
					$P=1\%$							
0+263	190.435	2.925	6.52	7.30	190.765	3.255	8.00	8.49	191.195	3.685	5.22	5.66
0+275.5	190.385	10.385	2.15	3.56	190.540	10.540	4.05	5.10	190.885	10.885	4.99	7.70
0+301.5	190.355	7.355	5.16	6.52	191.030	8.030	6.02	8.08	192.305	9.305	4.85	6.92
0+314	188.180	9.180	5.65	6.32	188.700	9.700	6.34	9.14	189.845	10.845	6.65	7.36
原河道	距溢洪道中心左41.7 m				距溢洪道中心左20.85 m				溢洪道中心			
0+361	186.690	7.700	7.85	8.50	181.900	6.100	12.10	12.85	183.090	2.065	8.40	8.40
0+401	190.875	5.505	7.71	8.34	186.250	8.600	10.42	11.36	181.665	3.865	10.20	10.40
0+441	179.795	1.875	11.75	11.75	179.095	2.895	13.32	13.69	179.175	3.075	13.58	14.32

注：0+314 断面各测点为桥左、中、右。

表 5-11　断面水位、水深、流速测试结果表（修改设计方案二）

断面	左				中心线				右			
	水位 (m)	水深 (m)	平均流速 (m/s)	最大流速 (m/s)	水位 (m)	水深 (m)	平均流速 (m/s)	最大流速 (m/s)	水位 (m)	水深 (m)	平均流速 (m/s)	最大流速 (m/s)
					$P=2\%$							
0+263	189.235	1.725	4.78	4.78	189.635	2.125	8.43	8.75	190.720	3.210	9.41	10.00
0+275.5	185.500	5.500	2.94	4.63	185.370	5.370	4.54	7.78	184.845	4.845	7.74	12.31
0+301.5	186.800	3.800	5.60	6.65	187.255	4.255	5.86	7.05	187.905	4.905	6.13	8.08
0+321	182.470	2.315	8.75	9.45	182.820	2.470	8.09	9.05	183.060	2.670	9.43	10.04
0+361	181.740	2.785	1.30	1.45	181.240	1.430	9.20	9.20	181.615	2.005	9.38	9.55
0+401	182.225	2.100	3.45	3.65	181.335	3.540	6.00	6.39	181.605	2.505	7.38	7.99
0+441	178.935	0.965	2.76	2.76	179.135	3.080	7.34	7.51	180.040	1.800	8.21	8.21
					$P=1\%$							
0+263	190.385	2.875	5.86	6.71	190.610	3.100	8.93	9.50	191.075	3.565	9.81	10.45
0+275.5	186.890	6.890	5.38	8.83	184.960	4.960	7.28	12.30	184.765	4.765	9.77	14.24
0+301.5	188.795	5.795	6.23	7.78	188.840	5.840	6.78	8.76	189.360	6.360	7.82	10.01
0+321	183.475	3.320	9.47	10.02	183.575	3.325	9.64	10.29	184.030	3.640	10.60	10.70
0+361	182.350	3.395	6.52	8.30	182.115	2.305	10.60	10.80	182.780	3.170	10.54	10.95
0+401	181.975	4.005	5.74	6.02	182.280	4.485	5.73	6.30	182.425	3.325	9.57	9.80
0+441	179.290	1.320	8.70	8.70	180.630	4.575	8.40	8.60	180.600	2.360	9.66	9.94

表5-12　黄前水库溢洪道动水压力测试结果($P = 3.3\%$)

测试位置	测压管编号	测压孔高程(m)	测压管水头(m)	压力水头(m)
0+035 左边墙	1−1−1	203.38		
	1−1−2	202.38		
	1−1−3	201.38		
	1−1−4	200.38		
	1−1−5	199.38	199.365	−0.015
0+035 右边墙	1−2−1	203.45		
	1−2−2	202.45		
	1−2−3	201.45		
	1−2−4	200.45	201.015	0.565
	1−2−5	199.45	200.315	0.865
0+035 溢洪道底	1−3−1(左)	199.13	195.615	−3.515
	1−3−2(中)	199.20	199.115	−0.085
	1−3−3(右)	199.20	199.465	0.265
0+061.5 左边墙	2−1−1	194.66		
	2−1−2	192.66		
	2−1−3	190.66	191.565	0.905
	2−1−4	188.66	191.465	2.805
	2−1−5	186.66	192.415	5.755
0+061.5 右边墙	2−2−1	194.30		
	2−2−2	192.30		
	2−2−3	190.30	190.865	0.565
	2−2−4	188.30	190.615	2.315
	2−2−5	186.30	190.965	4.665
0+061.5 溢洪道底	2−3−1(左)	186.41	190.365	3.955
	2−3−2(中)	186.19	190.165	3.975
	2−3−3(右)	186.05	190.315	4.270
0+169 左边墙	3−1−1	192.23		
	3−1−2	191.23		
	3−1−3	190.23		
	3−1−4	189.23	189.465	0.235
	3−1−5	188.23	189.565	1.335
0+169 右边墙	3−2−1	192.23	192.315	0.085
	3−2−2	191.23	192.056	0.835
	3−2−3	190.23	192.056	1.835
	3−2−4	189.23	192.056	2.835
	3−2−5	188.23	192.056	3.835
0+169 溢洪道底	3−3−1(左)	187.98	190.265	2.285
	3−3−2(中)	187.98	190.065	2.085
	3−3−3(右)	187.98	190.365	2.385

表 5-13　黄前水库溢洪道动水压力测试结果($P = 2\%$)

测试位置	测压管编号	测压孔高程(m)	测压管水头(m)	压力水头(m)
0 + 035 左边墙	1 - 1 - 1	203.38		
	1 - 1 - 2	202.38		
	1 - 1 - 3	201.38		
	1 - 1 - 4	200.38		
	1 - 1 - 5	199.38	199.415	0.035
0 + 035 右边墙	1 - 2 - 1	203.45		
	1 - 2 - 2	202.45		
	1 - 2 - 3	201.45		
	1 - 2 - 4	200.45	200.665	0.215
	1 - 2 - 5	199.45	200.315	0.865
0 + 035 溢洪道底	1 - 3 - 1 (左)	199.13	196.115	- 3.015
	1 - 3 - 2 (中)	199.20	199.165	- 0.035
	1 - 3 - 3 (右)	199.20	199.415	0.215
0 + 061.5 左边墙	2 - 1 - 1	194.66		
	2 - 1 - 2	192.66		
	2 - 1 - 3	190.66	191.565	0.905
	2 - 1 - 4	188.66	191.365	2.705
	2 - 1 - 5	186.66	192.065	5.405
0 + 061.5 右边墙	2 - 2 - 1	194.30		
	2 - 2 - 2	192.30		
	2 - 2 - 3	190.30	190.915	0.615
	2 - 2 - 4	188.30	190.515	2.215
	2 - 2 - 5	186.30	190.965	4.665
0 + 061.5 溢洪道底	2 - 3 - 1(左)	186.41	191.315	4.905
	2 - 3 - 2(中)	186.19	191.565	5.375
	2 - 3 - 3(右)	186.05	191.815	5.770
0 + 169 左边墙	3 - 1 - 1	192.23		
	3 - 1 - 2	191.23		
	3 - 1 - 3	190.23		
	3 - 1 - 4	189.23	189.515	0.285
	3 - 1 - 5	188.23	189.615	1.385
0 + 169 右边墙	3 - 2 - 1	192.23	192.365	0.315
	3 - 2 - 2	191.23	192.015	0.785
	3 - 2 - 3	190.23	192.065	1.835
	3 - 2 - 4	189.23	192.065	2.835
	3 - 2 - 5	188.23	192.065	3.835
0 + 169 溢洪道底	3 - 3 - 1 (左)	187.98	190.215	2.235
	3 - 3 - 2 (中)	187.98	190.015	2.035
	3 - 3 - 3 (右)	187.98	190.415	2.435

表 5-14　黄前水库溢洪道动水压力测试结果($P=1\%$)

测试位置	测压管编号	测压孔高程(m)	测压管水头(m)	压力水头(m)
0+035 左边墙	1-1-1	203.38		
	1-1-2	202.38		
	1-1-3	201.38		
	1-1-4	200.38	200.465	0.085
	1-1-5	199.38	199.915	0.535
0+035 右边墙	1-2-1	203.45		
	1-2-2	202.45		
	1-2-3	201.45	201.515	0.065
	1-2-4	200.45	201.165	0.715
	1-2-5	199.45	201.115	1.665
0+035 溢洪道底	1-3-1(左)	199.13	196.515	-2.615
	1-3-2(中)	199.20	199.265	0.065
	1-3-3(右)	199.20	199.715	0.515
0+061.5 左边墙	2-1-1	194.66		
	2-1-2	192.66	192.765	0.105
	2-1-3	190.66	192.165	1.505
	2-1-4	188.66	192.115	3.455
	2-1-5	186.66	193.165	6.505
0+061.5 右边墙	2-2-1	194.30		
	2-2-2	192.30	192.365	0.065
	2-2-3	190.30	191.064	0.765
	2-2-4	188.30	191.465	3.165
	2-2-5	186.30	191.865	5.565
0+061.5 溢洪道底	2-3-1(左)	186.41	192.815	6.625
	2-3-2(中)	186.19	193.765	7.575
	2-3-3(右)	186.05	193.965	7.920
0+169 左边墙	3-1-1	192.23		
	3-1-2	191.23		
	3-1-3	190.23	190.165	-0.065
	3-1-4	189.23	189.865	0.635
	3-1-5	188.23	190.015	1.785
0+169 右边墙	3-2-1	192.23	194.615	2.385
	3-2-2	191.23	194.615	3.385
	3-2-3	190.23	194.565	4.335
	3-2-4	189.23	194.565	5.335
	3-2-5	188.23	194.565	6.335
0+169 溢洪道底	3-3-1(左)	187.98	191.115	3.135
	3-3-2(中)	187.98	191.715	3.735
	3-3-3(右)	187.98	192.615	4.635

表 5-15 黄前水库溢洪道动水压力测试结果($P = 0.05\%$)

测试位置	测压管编号	测压孔高程(m)	测压管水头(m)	压力水头(m)
0 + 035 左边墙	1 - 1 - 1	203.38		
	1 - 1 - 2	202.38		
	1 - 1 - 3	201.38	201.415	0.035
	1 - 1 - 4	200.38	200.465	0.085
	1 - 1 - 5	199.38	199.115	- 0.265
0 + 035 右边墙	1 - 2 - 1	203.45		
	1 - 2 - 2	202.45	202.565	0.115
	1 - 2 - 3	201.45	201.765	0.315
	1 - 2 - 4	200.45	201.615	1.165
	1 - 2 - 5	199.45	201.365	1.915
0 + 035 溢洪道底	1 - 3 - 1 (左)	199.13	196.965	- 2.165
	1 - 3 - 2 (中)	199.20	198.915	- 0.285
	1 - 3 - 3 (右)	199.20	199.765	0.565
0 + 061.5 左边墙	2 - 1 - 1	194.66		
	2 - 1 - 2	192.66	193.265	0.605
	2 - 1 - 3	190.66	193.065	2.405
	2 - 1 - 4	188.66	193.065	4.405
	2 - 1 - 5	186.66	194.115	7.455
0 + 061.5 右边墙	2 - 2 - 1	194.30	194.365	0.065
	2 - 2 - 2	192.30	192.465	0.165
	2 - 2 - 3	190.30	191.665	1.365
	2 - 2 - 4	188.30	191.865	3.565
	2 - 2 - 5	186.30	192.615	6.315
0 + 061.5 溢洪道底	2 - 3 - 1 (左)	186.41	193.465	7.055
	2 - 3 - 2 (中)	186.19	194.665	8.475
	2 - 3 - 3 (右)	186.05	194.915	8.870
0 + 169 左边墙	3 - 1 - 1	192.23		
	3 - 1 - 2	191.23		
	3 - 1 - 3	190.23	190.415	0.185
	3 - 1 - 4	189.23	190.315	1.085
	3 - 1 - 5	188.23	190.415	2.185
0 + 169 右边墙	3 - 2 - 1	192.23	193.065	0.835
	3 - 2 - 2	191.23	193.065	1.835
	3 - 2 - 3	190.23	193.065	2.835
	3 - 2 - 4	189.23	193.065	3.835
	3 - 2 - 5	188.23	193.065	4.835
0 + 169 溢洪道底	3 - 3 - 1 (左)	187.98	191.415	3.435
	3 - 3 - 2 (中)	187.98	192.365	4.385
	3 - 3 - 3 (右)	187.98	193.315	5.335

2）闸室段

出闸水流基本平顺、均匀。

3）泄槽段

第一段由于受闸室中墩影响,特别是两个宽中墩的影响,该段水流水面出现棱形波,特别是受两个宽中墩的影响,在该段产生两股较为明显的水流,但水流基本平稳、均匀。第二段为陡坡段,且轴线偏10°,该段水流基本平顺,水流稍偏向右侧,使右边水深比左边水深大。该段流速较大,在陡坡上游底板中线至左边墙出现负压,30 年一遇洪水泄洪情况下产生最大负压为 3.515 m,位置在底板左侧。

4）消能段

30 年一遇和50 年一遇洪水泄洪情况下水跃均发生在消力池以内,由于受陡坡段的影响,在消力池左侧出现回漩水流,但对出池水流基本无影响。100 年一遇洪水泄洪情况下水跃基本发生在池内,2 000 年一遇洪水泄洪情况下水跃越出池外。各种标准情况下出池水流较为均匀。

5）出水渠

（1）弯道段。上半段弯道水流较为均匀、平顺。下半段由于受弯道的影响,右岸水深明显大于左岸,且出现折冲水流,形成两条明显的水流线,使主流偏向右侧。100 年一遇洪水泄洪情况下,下半段弯道右侧边墙出现较大范围的溢水现象,最大溢水深为 1.0 m,发生在 0 +213 处。2 000 年一遇洪水泄洪情况下下半段弯道右岸边墙全部溢水。

（2）直段。受弯道影响,直段入口处水流不均匀,右侧水深大于左侧水深,但主流开始向左调整,至直段末溢洪道水流基本调整均匀,平顺进入二级消力池。

（3）二级消力池段。受下游公路桥和右侧公路阻水的影响,消力池水深大,水跃不明显。消力池后半部右侧水位壅高明显高于左侧,两侧边墙均出现溢水现象。另外,消力池末端出现自右向左的横向水流。

（4）河道段。受上游公路桥和河道地形的影响,该段水流极不均匀,水流明显偏向左岸,且流速较大,对河道产生严重的冲刷。

5.4.6.2　修改设计方案一

0 +263 断面以上的水流情况与原设计方案相同。

30 年一遇和50 年一遇洪水情况下,二级消力池至桥前水流得到了明显的改善,公路和公路桥阻水减少,水跃均发生在池内,但池右边墙由于公路阻水仍出现溢水。过桥水流得到了改善,除桥左右第一个腹孔有少量过水外,其余水流均在桥下。桥后河道水流与原设计方案相似。

1 000 年一遇和2 000 年一遇洪水情况下,公路和公路桥仍有严重的阻水,二级消力池至桥前水流没有得到明显的改善,消力池左右边墙均出现较大的溢水。同时,下泄水流溢出公路,桥上也有少量溢水,且桥的腹孔全部过水。桥后河道水流与原设计方案相似。

5.4.6.3　修改设计方案二

二级消力池和下游河道水流得到了明显的改善,河道水流顺畅。但河道左侧由于受 0 +361 断面附近地形(低洼)的影响,河道左侧 0 +321 ～0 +401 断面之间水流极不均匀,有较大的折冲水流,100 年一遇和2 000 年一遇洪水泄洪情况下尤为明显,其余部分水流较为均匀。另外,消力池后至 0 + 441 断面河道水流流速仍较大,50 年一遇洪水情况下河道流速 0 + 401 断面最大为 7.99 m/s,100 年一遇达到 9.80 m/s,2 000 年一遇达到 12.54 m/s。30 年一遇和 50 年一遇洪水情况下,水跃基本发生在池内。

5.5　结论与建议

5.5.1　结论

黄前水库溢洪道工程经本水工模型试验得出以下结论。

5.5.1.1　原设计方案

(1)溢洪道工程总体规划设计方案基本合理。根据地形,一级消力池轴线偏 10°,减少了开挖工程量,对水流影响不大。弯道处理较好,弯道后设置 50 m 的直段调整水流,使进入二级消力池的水流基本均匀。设置一、二级消力池的方案是合理的,位置选择基本合适,消能效果较好。

(2)100 年一遇和 2 000 年一遇标准的洪水溢洪闸泄流时,有堰情况下实测水库水位均高于设计计算值,高出值分别为 0.285 m 和 0.09 m。无堰情况下实测水库水位 100 年一遇略高于设计计算值,高出值为 0.07 m,2 000 年一遇情况下低于设计计算值 0.12 m。

(3)100 年一遇和 2 000 年一遇标准的洪水情况下,八字翼墙处水位局部出现较明显的降落,对两边孔进闸水流有一定的影响。

(4)溢洪道泄洪时,在一级消力池前 1∶2 陡坡段上游底板左侧产生负压,对底板产生影响。

(5)消力池消能效果较好。一级消力池池长、池深设计基本合理,消力池消能效率超过 40%,消能效果较好。二级消力池由于受下游阻水的影响,消力池作用不明显。另外,二级消力池左右边墙溢水,边墙高度不够。经计算,到 0 + 401 断面,溢洪道综合消能效果达到 60% 以上。

(6)溢洪道基本满足 100 年一遇洪水泄洪要求,但 100 年一遇洪水泄洪情况下,下半段弯道右侧边墙出现较大范围的溢水现象,最大溢水深为 1.0 m,发生在 0 + 213 断面处。2 000 年一遇洪水泄洪情况下下半段弯道右岸边墙全部溢水。因此,溢洪道右岸自弯道后半段开始边墙高度偏低。

(7)二级消力池后的公路桥和右侧的公路对溢洪道水流产生严重的阻水作用,使二级消力池作用不明显,并使过桥孔水流极不均匀。

(8)溢洪道泄洪时对二级消力池后的公路和公路桥产生严重的冲击。遭遇 100 年一遇和 2 000 年一遇标准的洪水时,洪水漫过公路和公路桥,严重威胁其安全。

(9)过桥后的水流极不均匀,主流偏向左岸,且流速较大而极不均匀,将对河道底和左岸产生严重的冲刷,并危及河道中供水管线的安全。

(10)桥允许泄量小于 1 000 m³/s。

5.5.1.2　修改设计方案一

(1)桥前和二级消力池水流得到了改善,桥和公路阻水现象减少,但公路仍阻水,使消力池右边墙出现溢水。

（2）桥过水能力加大，泄量达到 50 年一遇的洪水标准。

（3）100 年一遇和 2 000 年一遇洪水泄洪情况下，桥和公路仍有严重的阻水，水流没有得到明显的改善，下泄水流严重危及公路和桥的安全。

（4）各种标准洪水泄洪时桥后河道水流流速较大，将对河道造成严重的冲刷。

5.5.1.3　修改设计方案二

（1）该方案溢洪道水流条件较好。

（2）河道流速仍然较大，遭遇 50 年一遇洪水时，河道流速 0 + 441 以上断面超过 7.0 m/s，对河道产生冲刷。

5.5.2　建议

（1）闸门运用方式：在驼峰堰高 1.0 m 情况下，30 年一遇、50 年一遇洪水泄水采用控泄时，闸门开启高度可按模型试验值确定。

（2）100 年一遇和 2 000 年一遇洪水标准情况下，溢洪闸泄水时水库水位均高于设计计算值，因此应对坝高进行复核，为确保大坝安全，建议驼峰堰降为 0.5 m 左右。

（3）溢洪道右岸自弯道中部到消力池边墙高度，按 100 年一遇标准洪水实测水位进行加高，建议加高 1 ~ 1.5 m。二级消力池左岸边墙高度建议加高 1 ~ 1.5 m。

（4）闸室流量系数。

闸门全开情况下为自由堰流，建议驼峰堰综合流量系数取 0.38 ~ 0.40。

闸孔自由出流时，根据本次模型试验成果，并考虑修改设计时驼峰堰堰高降低情况，建议驼峰堰综合流量系数参考 $U = 0.685 - 0.19e/H$ 计算（许荫春等编，水力学，科学技术出版社，1990 年 8 月）。

无驼峰堰时，闸孔出流的综合流量系数建议在 0.52 ~ 0.75 取值，$e/H > 0.3$ 时综合流量系数为 0.52 ~ 0.56，$e/H < 0.3$ 时综合流量系数为 0.58 ~ 0.75，e/H 越小综合流量系数可取较大值。自由出流综合流量系数为 0.32 ~ 0.36。

（5）溢洪道泄洪时，一级消力池前陡坡上游底板左侧产生负压，30 年一遇洪水时达到 -3.515 m，建议设计和施工时予以考虑。

（6）二级消力池后的公路桥和公路对溢洪道下泄水流产生严重的阻水影响，修改设计方案一虽有改善，但过桥后的水流没有得到改善，且公路桥仅能达到 50 年一遇的洪水标准。因此，为使下泄水流顺畅，建议拆除公路桥和部分公路，新建混凝土板桥。

（7）原设计方案和修改设计方案一交通桥后的河道水流极不均匀，且水流流速较大，为使河道水流顺畅，建议采用方案二，即对河道按缓坡设计，并对原左右岸进行开挖。

（8）修改设计方案二河道流速仍较大，分析其原因是二级消力池尾坎过高，使池水位抬高，而下游河底较低、水深较小等。因此，当采用方案二时建议二级消力池池底降低至 177.0 ~ 177.5 m，池顶或坎顶高程 180.0 ~ 180.5 m。消力池长度可适当加长。

（9）溢洪道右岸边墙以上的山坡应进行护砌，以避免边墙溢水或雨水对岸坡的冲刷和对边墙的淘刷。另外，为减少河道冲刷，建议在河道上设防冲梁，特别是对河道中的供水管线采取工程保护措施。

第 6 章　金斗水库溢洪道水工模型试验

6.1　概　述

根据《新泰市金斗水库除险加固工程可行性研究报告》,工程设计情况简介如下。

6.1.1　工程概况

金斗水库位于黄河流域大汶河南支柴汶河支流平阳河上游,山东省新泰市区北 2 km 处,是一座以防洪为主,兼顾城市供水、农业灌溉等综合利用的重点中型水库。金斗水库于 1959 年 10 月动工兴建,1960 年 6 月建成。1985 年,山东省水利工程"三查三定"核定:金斗水库防洪标准达到 100 年一遇洪水设计,相应水位 232.10 m,500 年一遇洪水校核,相应水位为 232.83 m,兴利水位 231.20 m,死水位 220.84 m,总库容 3 060 万 m³,兴利库容 2 228 万 m³,死库容 201 万 m³。流域内建有小(1)型水库 1 座、小(2)型水库 11 座,控制流域面积 22.6 km²,总库容 598 万 m³,兴利库容 455 万 m³。水库原设计灌溉面积 3 767 hm²,设计灌溉保证率 50%,水利工程"三查三定"核实设计灌溉面积 3 667 hm²,现实际灌溉面积 1 333 hm²。1988 年开始向新泰市区供水,设计年供水 1 200 万 t。

6.1.2　工程等级及设计标准

6.1.2.1　工程等级及建筑物级别

依据《防洪标准》(GB 50201—94)及《水利水电工程等级划分及洪水标准》(SL 252—2000),金斗水库除险加固工程规模为中型,工程等别为Ⅲ等,大坝、溢洪道、放水洞等主要建筑物级别为 3 级,次要建筑物为 4 级。

6.1.2.2　防洪标准

依据《防洪标准》(GB 50201—94),金斗水库防洪标准为:正常运用(设计)洪水标准为 100 年一遇(P=1%),非常运用(校核)洪水标准为 2 000 年一遇(P=0.05%)。依据《溢洪道设计规范》(SL 253—2000),溢洪道消能防冲标准为 30 年一遇洪水设计。

6.1.3　洪水调节计算结果

金斗水库洪水调节计算结果见表 6-1。

表 6-1　金斗水库洪水调节计算结果

洪水标准	库水位(m)	溢洪道流量(m³/s)	说明
P=5%	232.06	300	控泄
P=3.3%	232.35	300	控泄
P=2%	232.81	300	控泄
P=1%	232.81	1 088.27	自由泄流
P=0.05%	233.89	1 343.46	自由泄流

6.1.4 溢洪道工程设计概况

金斗水库溢洪道工程由进水渠、闸室段、泄槽段、消能防冲设施和出水渠五部分组成,如图 6-1 所示。

6.1.4.1 进水渠

0 − 100 ~ 0 + 000 为进水渠,长 100 m,其中闸室前 20 m 为钢筋混凝土铺盖,底高程 223.20 m,长 20 m ,边墙为钢筋混凝土直立边墙,顶高程 234.10 m;铺盖上游为长 80 m 的进水渠,梯形断面,底高程 234.10 m。

6.1.4.2 闸室

0 + 000 ~ 0 + 017.00 为闸室段,总长 17 m,闸室为正槽开敞式钢筋混凝土结构,顺水流方向在闸墩上设有检修桥、机架桥(上为通廊式启闭机房)、交通桥,桩号 0 + 000 为闸室前沿。闸室共 3 孔,每孔净宽为 10.0 m,中墩宽 1.5 m,总宽 33 m。闸底板为钢筋混凝土溢流堰,堰顶高程 226.00 m,堰顶宽 5.9 m,平板钢质闸门控制,中墩上、下游墩头为半圆形。工作闸门尺寸 10 m × 5.7 m(宽 × 高),门顶高程 231.70 m。

6.1.4.3 泄槽

0 + 017 ~ 0 + 197 为泄槽段,长 180 m,宽 33 m,矩形断面,底坡 0.018 6,钢筋混凝土底板,起点高程 223.20 m,末端高程 219.85 m。边墙为钢筋混凝土直墙。

6.1.4.4 消能段

0 + 197 ~ 0 + 206 为挑流鼻坎消能段,总长 9 m。挑流鼻坎为连续式钢筋混凝土结构,反弧半径 15 m,挑射角 25°,反弧段总长 7.118 m,鼻坎顶高程 221.143 m。

6.1.4.5 出水渠

0 + 206 ~ 0 + 549.66 为出水渠,断面为梯形。自鼻坎下游 1 m 为平坡,0 + 207 ~ 0 + 247 为冲坑段,底高程 211.50 m;0 + 247 ~ 0 + 248 为防冲梁,顶高程 212.50 m,该处底宽 49 m;0 + 247 ~ 0 + 311.78 为直段,0 + 311.78 处底宽 34.276 m;0 + 311.78 ~ 0 + 323.02 右岸为圆弧连接段,半径 50 m,角度 12.97°,0 + 323.02 处底宽 33.0 m;0 + 323.02 ~ 0 + 364.74 为直线段,底宽 33.0 m;0 + 364.74 ~ 0 + 431.02 为圆弧连接段,轴半径 83.5 m,角度 45.48°;0 + 431.02 ~ 0 + 549.66 为直线段,底宽 33.0 m。出水渠底坡 0.004 5,0 + 549.66 底高程 210.10 m。

6.1.5 溢洪道工程地质情况

拟建挑流鼻坎位于溢洪道内漫水桥附近,桩号 0 + 189 ~ 0 + 197,基岩裸露,岩性为强风化花岗岩,岩石裂隙发育,主要发育一组,其产状为 NE5° ~ 30°NW70° ~ 80°,倾角 71°,宽 0 ~ 0.3 cm,延伸长,很发育,与溢洪道走向顺向斜交,倾角较陡。岩体裸露后,易沿裂隙风化剥落,受水流冲刷时,易产生沟槽,导致岩体不稳定。该处断裂构造,岩脉均不发育。由于溢洪道为人工开挖所成,已将全风化及部分强风化带挖除,强风化带埋深较浅,约 3.7 m。

岩基完整程度为块碎石状,冲刷坑形成的涡流对斑状中粗粒花岗岩淘刷作用影响不大,冲刷坑边缘距离挑流鼻坎距离为 9 m,因此冲刷坑对鼻坎的稳定不会产生不利影响。

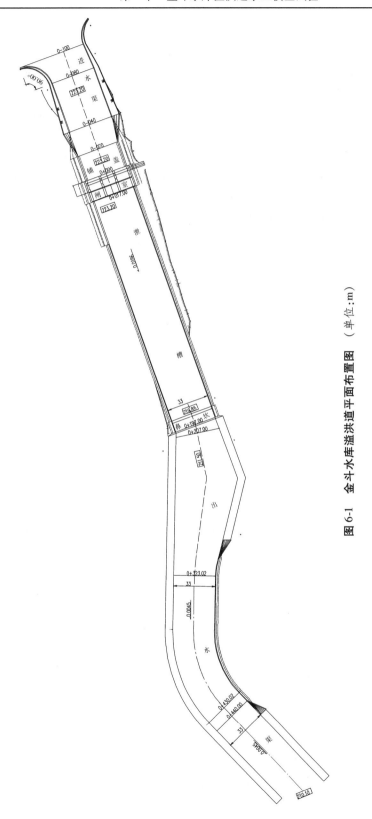

图 6-1　金斗水库溢洪道平面布置图　（单位：m）

但是,在冲刷坑处,由于水流的侧向淘蚀,易于造成两岸边坡不稳,对边坡左侧村庄安全造成隐患,建议对冲刷坑附近两岸边坡进行护砌。

泄槽段左岸未做护砌,上部部分岩体水平和垂直裂隙较发育,另有部分岩石处于悬空状态,有可能发生滑落,施工时应进行清理或锚固处理。

出水渠长 351.66 m,桩号 0 + 198 ~ 0 + 549.66。0 + 198 ~ 0 + 250 段岩石裸露,强风化状态,0 + 250 ~ 0 + 549.66 为冲积沙砾石层上,该沙砾石层松散,均匀性较差,含大量卵砾石,粒径 3 ~ 8 cm,棱角状,厚度 3 m 左右。漫水桥下有一陡坎,落差 4 m 左右,河滩由于左岸高,右岸较低,高速水流冲向右岸,现已使右岸护堤多处出现坍塌。溢洪道底板的岩土体抗冲刷能力差,左岸为一村庄,溢洪道内岩(土)体抗冲刷流速见表 6-2。

表 6-2　溢洪道内岩(土)体抗冲刷流速

岩土层	水流平均深度(m)					
	0.4	1.0	2.0	3.0	5.0	≥10.0
	平均流速(m/s)					
粗沙砾石	0.5	0.6	0.7	0.75	0.85	0.95
强风化花岗岩	2.0	2.5	3.0	3.5		

6.2　模型设计与制作

6.2.1　模型试验任务

6.2.1.1　模型试验任务

通过水工模型试验,验证溢洪道系统的泄流能力、水流流态及消能效果,并对存在的问题提出修改意见,为溢洪道加固工程设计提供设计依据。模型试验的具体任务为:①测试水库水位—溢洪闸泄量关系;②测试溢洪闸过流综合流量系数;③验证溢洪道过流能力;④验证挑流坎的高程、反弧半径和挑射角合理性,提供宣泄各频率洪水时的水流挑射距离及可能冲刷的深度和范围,以及对两岸的冲刷影响;⑤提出各频率洪水时溢洪道系统的水面线、流速分布等;⑥对出水渠布置方案及两岸边墙高度进行验证;⑦对设计方案提出合理的修改意见。

6.2.1.2　模型试验范围

根据本工程水工模型试验任务,结合工程实际情况,本次水工模型试验范围为:金斗水库溢洪道闸前进水渠开始到坝后全部出水渠,主要建筑物包括闸室、泄槽、挑流鼻坎。

6.2.2　模型设计

6.2.2.1　相似准则

本模型试验主要研究溢洪闸过水能力、溢洪道水流流态和消能情况。根据水流特点,为重力起主要作用的水流。因此,本模型试验按重力相似准则进行模型设计,同时保证模型水流流态与原型水流流态相似。

6.2.2.2　模型类别

根据模型试验任务和模型试验范围,本模型选用正态、定床、部分动床、整体模型,其中挑流冲坑段为动床模型。

6.2.2.3　模型比尺

根据模型试验范围和整体模型试验要求,结合试验场地和设备供水能力,选定模型长度比尺 $L_r = 50$,其他各物理量比尺为

流量比尺: $Q_r = 50^{2.5} = 17\ 678$;

流速比尺: $V_r = 50^{1/2} = 7.07$;

糙率比尺: $n_r = 50^{1/6} = 1.919$;

时间比尺: $T_r = 50^{1/2} = 7.07$。

6.2.2.4　模型布置

模型试验在专用的模型试验池内进行。根据工程平面布置图和各部尺寸,按 1:50 比尺将工程模型布置在模型池内。模型闸室及泄槽宽 66 cm,闸室长 30 cm,闸室上游进水段长 200 cm,泄槽长 360 cm,挑流坎长 18 cm,出水渠长 6 430 cm。

6.2.2.5　模型材料选用

模型材料根据原型工程实际材料和糙率,按糙率比尺选用。原型铺盖、闸室、泄槽及挑流坎等混凝土或钢筋混凝土工程,糙率 0.015,模型用塑料板,原型出水渠渠底,糙率 0.030,模型用水泥砂浆抹面。

6.2.2.6　冲坑段

挑流坎下游冲坑段模型按动床设计,用天然散粒体模拟由沙砾石组成的原型河床,砾石粒径按式(1-1)计算。

根据《新泰市金斗水库溢洪道工程地质勘探报告》,挑流鼻坎下游(0 + 207 ~ 0 + 247)段基岩裸露,岩性为强风化、弱风化花岗岩。系数 K 为 5 ~ 7,强风化花岗岩深 3.5 ~ 4.8 m,不冲刷流速为 5 ~ 7 m/s,经计算,模型砾石粒径为 13.8 ~ 27.2 mm;弱风化花岗岩不冲流速为 7 ~ 9.5 m/s。经计算,模型砾石粒径为 27.2 ~ 50 mm。

6.2.2.7　模型流量

根据流量比尺及原型流量,计算得到各洪水标准模型流量见表6-3。

表6-3　模型流量

洪水标准	原型流量(m^3/s)	模型流量(m^3/s)	闸门运用
$P = 5\%$	300	0.017	控泄
$P = 3.3\%$	300	0.017	控泄
$P = 2\%$	300	0.017	控泄
$P = 1\%$	1 088.27	0.062	闸门全开
$P = 0.05\%$	1 343.46	0.076	闸门全开

6.2.3　模型制作

为确保水工模型试验精度,模型制作严格按模型设计和《水工(常规)模型试验规程》

（SL 155—95）要求进行。

闸室段、泄槽和挑流段由木工按模型设计尺寸整体制作,精度控制在误差 ±0.2 mm 以内。制作完成后在模型池内进行安装,高程误差控制在 ±0.3 mm 以内。

其他段在模型池内现场制作。制作时,模型尺寸用钢尺量测,建筑物高程误差控制在 ±0.3 mm 以内。

地形的制作先用土夯实,上面用水泥砂浆抹面 1 ~ 2 cm。地形高程误差控制在 ±2.0 mm 以内,平面距离误差控制在 ±5 mm 以内。

冲坑段按照散粒体粒径计算结果,选用 10 ~ 20 mm、20 ~ 40 mm、40 ~ 60 mm 的石子混合铺设,其中强风化层铺设 10 ~ 40 mm 的石子,厚度 5 m,以下铺设 40 ~ 60 mm 的石子。

6.3　模型测试

6.3.1　模型测试方案

根据模型试验任务,本次模型试验设计了以下测试方案。

6.3.1.1　起挑流量

溢洪道自由泄流,测试起挑流量。

6.3.1.2　水库水位—溢洪闸泄量关系

量测不同水库水位下,闸门全开时溢洪闸泄量。

6.3.1.3　溢洪闸过流综合流量系数

以水库、闸前 0 - 020 为测试断面,测试断面水深、流速,用实用堰流量公式计算溢洪闸过流综合流量系数。

6.3.1.4　溢洪道水深、水位、流速,冲坑参数测试

（1）$P = 5\%$,溢洪闸泄洪 300 m^3/s ,库水位 232.06 m。模型放水流量 0.017 m^3/s ,控制库水位达到 232.06 m,量测闸门开启高度及各断面的水深、流速,挑距,冲坑深度和范围。

（2）$P = 3.3\%$,溢洪闸泄洪 300 m^3/s ,库水位 232.35 m。模型放水流量 0.017 m^3/s ,控制库水位达到 232.06 m,量测闸门开启高度及各断面的水深、流速,挑距,冲坑深度和范围。

（3）$P = 2\%$,溢洪闸泄洪 300 m^3/s ,库水位 232.81 m。模型放水流量 0.017 m^3/s ,控制库水位达到 232.81 m,量测闸门开启高度及各断面的水深、流速,挑距,冲坑深度和范围。

（4）$P = 1\%$,溢洪闸泄洪 1 088.27 m^3/s 。模型放水流量 0.062 m^3/s ,闸门全开,量测水库水位及各断面的水深、流速,挑距,冲坑深度和范围。

（5）$P = 0.05\%$,溢洪闸泄洪 1 343.46 m^3/s 。模型放水流量 0.076 m^3/s ,闸门全开,量测水库水位及各断面的水深、流速,挑距,冲坑深度和范围。

6.3.2　测试断面设计

根据模型试验任务,本试验共设计了 18 个测试断面,各断面设计了左、中、右 3 条测

垂线,测试断面见表 6-4。

表 6-4　测试断面设计

序号	桩号	位置	底高程(m)
1	0 - 040	进水渠	223.20
2	0 - 020	进水渠	223.20
3	0 + 000	闸室始	223.20
4	0 + 004	溢流堰顶	225.20(调整后) 226.00(调整前)
5	0 + 017	闸室末	223.20
6	0 + 067	泄槽	222.27
7	0 + 117	泄槽	221.34
8	0 + 167	泄槽	220.41
9	0 + 197	泄槽	219.850
10	0 + 198.9	挑流段反弧底点	219.794
11	0 + 206	挑流鼻坎	221.143
12	0 + 227	冲坑中部	211.50
13	0 + 247	防冲梁顶	212.50
14	0 + 310	出水渠	211.216
15	0 + 350	出水渠	211.036
16	0 + 400	出水渠	210.811
17	0 + 450	出水渠	210.586
18	0 + 500	出水渠	210.362

6.4　试验成果

　　按照原工程设计模型经放水试验,实测设计洪水位 233.61 m($P=1\%$),比设计调洪计算设计洪水位 232.81 m 高 0.8 m;实测校核洪水位 234.62 m($P=0.05\%$),比设计调洪计算校核洪水位 233.89 m 高 0.73 m。因模型试验实测设计洪水位、校核洪水位与原设计计算值相差过大,经与设计单位分析研究,确定将原设计溢流堰顶高程降低,由原来的堰顶高程 226.00 m 降为 225.20 m,同时缩短堰长。

　　按照修改后的溢流堰模型,本次模型试验取得了以下试验成果。

6.4.1　闸门开启高度及水库水位

　　经测试,各种标准洪水闸门开启高度及相应水库水位如下:

（1）$P = 5\%$，闸门开启高度 1.50 m，水库水位 232.06 m。

（2）$P = 3.3\%$，闸门开启高度 1.46 m，水库水位 232.35 m。

（3）$P = 2\%$，闸门开启高度 1.37 m，水库水位 232.81 m。

（4）$P = 1\%$，闸门全开，水库水位 233.05 m。

（5）$P = 0.05\%$，闸门全开，水库水位 234.07 m。

6.4.2　水库水位—溢洪闸泄量关系

不同水库水位、闸前水位与溢洪闸泄量关系见表 6-5、图 6-2、图 6-3。

表 6-5　水库水位—溢洪闸泄量关系

序号	水库水位（m）	闸前（0－020）水位（m）	溢洪闸泄量（m³/s）
1	234.350	233.370	1 439.1
2	234.070	233.140	1 343.4
3	233.460	232.642	1 214.0
4	233.050	232.160	1 088.0
5	232.410	231.747	973.4
6	231.855	231.257	848.7
7	231.365	230.805	747.4
8	230.970	230.380	661.9
9	230.575	230.093	588.6
10	230.175	229.767	522.5
11	229.630	229.285	422.3
12	229.130	228.860	346.6
13	228.790	228.557	299.6
14	228.280	228.070	232.0
15	227.525	227.433	145.4
16	226.745	226.690	74.7

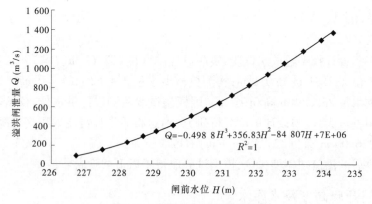

$$Q = -0.498\ 8H^3 + 356.83H^2 - 84\ 807H + 7E + 06$$
$$R^2 = 1$$

图 6-2　水库水位—溢洪闸泄量

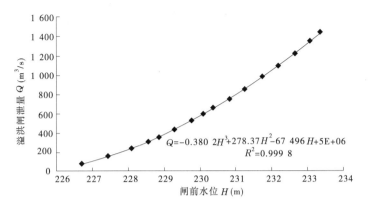

图 6-3　闸前水位—溢洪闸泄量

6.4.3　溢洪闸综合流量系数

闸门全开、溢洪闸不同泄量情况下,溢洪闸综合流量系数测试结果见表6-6、表6-7。表6-6、表6-7 中综合流量系数根据实用堰公式按式(1-2)推求。

表 6-6　溢洪闸综合流量系数测试结果(闸前 0 - 020 断面)

序号	闸前(0 - 020)水位 (m)	溢洪闸泄量 (m³/s)	堰上水深 (m)	测试断面流速 (m/s)	综合流量 系数
1	233.370	1 439.1	8.170	4.25	0.395
2	233.140	1 343.4	7.940	4.03	0.389
3	232.642	1 214.0	7.442	3.88	0.389
4	232.160	1 088.0	6.960	3.70	0.386
5	231.747	973.4	6.547	3.42	0.384
6	231.257	848.7	6.057	3.11	0.381
7	230.805	747.4	5.605	2.86	0.381
8	230.380	661.9	5.180	2.66	0.382
9	230.093	588.6	4.893	2.46	0.374
10	229.767	522.5	4.567	2.33	0.369
11	229.285	422.3	4.085	2.18	0.353
12	228.860	346.6	3.660	1.94	0.345
13	228.557	299.6	3.357	1.69	0.344
14	228.070	232.0	2.870	1.36	0.342
15	227.433	145.4	2.233	1.09	0.315
16	226.690	74.7	1.490	0.74	0.301

表 6-7　溢洪闸综合流量系数测试结果(水库水位)

序号	水库水位(m)	溢洪闸泄量(m³/s)	堰上水深(m)	综合流量系数
1	234.350	1 439.1	9.150	0.391
2	234.070	1 343.4	8.870	0.383
3	233.460	1 214.0	8.260	0.385
4	233.050	1 088.0	7.850	0.372
5	232.410	973.4	7.210	0.379
6	231.855	848.7	6.655	0.372
7	231.365	747.4	6.165	0.368
8	230.970	661.9	5.770	0.360
9	230.575	588.6	5.375	0.356
10	230.175	522.5	4.975	0.355
11	229.630	422.3	4.430	0.341
12	229.130	346.6	3.930	0.335
13	228.790	299.6	3.590	0.332
14	228.280	232.0	3.080	0.323
15	227.525	145.4	2.325	0.309
16	226.745	74.7	1.545	0.293

6.4.4　起挑流量

在自由泄流情况下,经测试,挑流鼻坎起挑流量为 250 m³/s。

6.4.5　挑距、冲坑情况

各洪水标准情况下,挑距、冲坑范围见表 6-8 ~ 表 6-10,冲坑后堆积物高程测试结果见表 6-11。

表 6-8　挑距测试结果

洪水标准	挑距(m)				
	左	左 1/2	中间	右 1/2	右
$P = 5\%$	10	12.5	13	12.5	10
$P = 3.3\%$	10	12.5	13	12.5	10
$P = 2\%$	10	12.5	13	12.5	10
$P = 1\%$	16.5	19.3	19.3	19.3	16
$P = 0.05\%$	17.2	20.5	20.5	20.5	17

注:挑距量测为挑流坎外缘至水舌入水面外缘处。

表 6-9　冲坑范围测试结果

洪水标准	冲坑距离鼻坎(m)									
	左		左 1/2		中间		右 1/2		右	
	内沿	外沿	内沿	外沿	内沿	外沿	内沿	外沿	内沿	外沿
$P=5\%$	7	18.5	7.5	19	7.5	19	7	18	9	7
$P=3.3\%$	7	18.5	7.5	19	7.5	19	7	18	9	7
$P=2\%$	7	18.5	7.5	19	7.5	19	7	18	9	7
$P=1\%$	11	42	10	41	9	42	10	39	10	35.5
$P=0.05\%$	11	50	10	47	9.5	44	11	40	11	37

表 6-10　冲坑最大深度测试结果

洪水标准	冲坑深度(m)									
	左		左 1/2		中间		右 1/2		右	
	距离	深度	距离	深度	距离	深度	距离	深度	距离	深度
$P=5\%$	13	0.65	14	2.18	13	2.28	13	3.18	15	1.86
$P=3.3\%$	13	0.65	14	2.18	13	2.28	13	3.18	15	1.86
$P=2\%$	13	0.65	14	2.18	13	2.28	13	3.18	15	1.855
$P=1\%$	31	7.96	31.5	7.21	31	6.51	28	6.56	29.5	7.06
$P=0.05\%$	32	8.16	32	7.96	34	7.01	38	6.66	35	6.46

注:距离指距鼻坎水平距离,左侧冲坑深以高程 211.50 m 计算。

表 6-11　冲坑后堆积物高程测试结果

洪水标准	堆积物高程(m)									
	左		左 1/2		中间		右 1/2		右	
	距离	高程	距离	高程	距离	高程	距离	高程	距离	高程
$P=5\%$	21	213.03	24	212.92	21	213.895	22	213.87	22	211.57
$P=3.3\%$	21	213.03	24	212.92	21	213.895	22	213.87	22	211.57
$P=2\%$	21	213.03	24	212.92	21	213.895	22	213.87	22	211.57
$P=1\%$	52	214.595	50	215.695	49	215.695	53	215.445	42	216.095
$P=0.05\%$	51	216.945	64	215.645	70	215.095	65	216.345	63	215.295

6.4.5.1　挑距

从表 6-8 可以看到,各洪水标准水流的挑射距离沿挑流坎分布为两边小、中间大。20 年、30 年、50 年一遇最大挑距 12.5 m,100 年一遇最大挑距 19.3 m,2 000 年一遇最大挑距 20.5 m。

6.4.5.2 冲坑范围

从表 6-9 可以看到,20 年、30 年、50 年一遇洪水 300 m³/s 泄量情况下,形成的冲坑范围较小,为 7 ~ 19 m(自鼻坎算起,下同);100 年一遇洪水情况下,冲坑范围为 9 ~ 42 m;2 000年一遇洪水情况下,冲坑范围为 9.5 ~ 50 m。

6.4.5.3 最大冲坑深度

由于冲坑段岩石较完整,小流量情况下形成的冲坑深度较小。从表 6-10 看到,20 年、30 年、50 年一遇洪水 300 m³/s 泄量情况下,最大冲坑深 0.65 ~ 3.18 m;100 年一遇洪水最大冲坑深 6.51 ~ 7.96 m;2 000 年一遇洪水最大冲坑深 6.46 ~ 8.16 m。

6.4.5.4 冲坑后堆积物

50 年一遇及以下洪水标准情况下冲坑形成的堆积物较少,堆积物大都堆积在 0 + 247 断面以前,100 年及 2 000 年一遇洪水标准情况下形成的堆积物较多。100 年一遇洪水堆积物至 0 + 290 断面,2 000 年一遇洪水堆积物至 0 + 300。

6.4.6 各种洪水标准水深、水位、流速测试结果

各洪水标准各测试断面的水深、水位、流速测试结果见表 6-12 ~ 表 6-16。

表 6-12　P = 5% 各测试断面水深、水位、流速测试结果

桩号	水深(m)			水位(m)			流速(m/s)		
	左	中	右	左	中	右	左	中	右
0 − 040	8.91	8.88	8.96	232.105	232.075	232.160	0.69	0.84	0.82
0 − 020	8.70	8.69	8.63	231.895	231.890	231.830	1.13	1.11	1.05
0 + 000	8.69	8.74	8.72	229.885	229.935	229.920	1.43	1.40	1.55
0 + 005	6.68	6.73	6.71	232.680	232.730	232.705	1.54	1.47	1.77
0 + 017	1.24	0.91	1.28	224.440	224.110	224.475	9.82	9.94	9.86
0 + 067	0.72	1.04	0.71	222.990	223.305	222.975	9.56	10.05	9.67
0 + 117	1.31	0.91	1.24	222.645	222.245	222.575	7.58	9.74	8.61
0 + 167	0.91	1.12	0.94	221.320	221.530	221.355	7.96	9.27	8.65
0 + 197	0.99	1.12	1.14	130.540	130.852	131.004	7.18	9.13	7.37
0 + 198.9	1.06	1.15	1.22	220.849	220.944	221.009	7.06	9.06	6.73
0 + 206	1.43	1.22	1.56	222.568	222.358	222.698	7.08	7.11	7.09
0 + 227				214.155	215.215	214.340	3.25	3.07	0.94
0 + 247	1.91	1.76	1.71	214.410	214.255	214.205	3.21	3.26	3.22
0 + 310	2.12	2.62	2.65	213.336	213.836	213.866	4.35	3.14	2.74
0 + 350	2.32	2.54	2.75	213.351	213.576	214.110	4.22	3.39	3.07
0 + 400	1.06	2.52	2.48	211.871	213.331	213.291	6.04	4.01	3.17
0 + 450	1.76	1.56	1.84	212.341	212.141	212.421	3.70	5.24	5.16
0 + 500	1.58	1.48	1.48	211.937	211.872	211.837	4.76	5.52	5.34

表 6-13　$P = 3.3\%$ 各测试断面水深、水位、流速测试结果

桩号	水深（m）			水位（m）			流速（m/s）		
	左	中	右	左	中	右	左	中	右
0 − 040	8.90	8.94	8.97	232.095	232.135	232.165	0.66	0.78	0.77
0 − 020	8.78	8.78	8.74	231.980	231.980	231.935	1.02	1.06	1.01
0 + 000	8.84	8.92	8.70	230.040	230.115	229.900	1.34	1.36	1.48
0 + 005	6.73	6.81	6.75	232.725	232.810	232.750	1.41	1.38	1.63
0 + 017	1.38	0.85	0.99	224.575	224.050	224.190	9.83	10.10	10.36
0 + 067	0.62	1.07	0.65	222.885	223.340	222.920	9.04	10.26	9.33
0 + 117	1.17	0.92	1.02	222.510	222.265	222.355	8.03	9.61	8.52
0 + 167	0.90	1.24	0.96	221.310	221.650	221.370	8.31	9.51	8.54
0 + 197	0.99	1.15	1.40	145.324	145.548	148.428	8.26	10.08	8.62
0 + 198.9	1.00	1.17	1.21	220.789	220.959	220.999	8.17	9.82	8.35
0 + 206	1.58	1.16	1.15	222.723	222.303	222.293	7.53	7.43	7.27
0 + 227				214.155	215.215	214.340	3.25	3.07	0.94
0 + 247	1.91	1.76	1.71	214.410	214.255	214.205	3.21	3.26	3.22
0 + 310	2.12	2.62	2.65	213.336	213.836	213.866	4.35	3.14	2.74
0 + 350	2.32	2.54	2.75	213.351	213.576	214.110	4.22	3.39	3.07
0 + 400	1.06	2.52	2.48	211.871	213.331	213.291	6.04	4.01	3.17
0 + 450	1.76	1.56	1.84	212.341	212.141	212.421	3.70	5.24	5.16
0 + 500	1.58	1.48	1.48	211.937	211.872	211.837	4.76	5.52	5.34

表 6-14　$P = 2\%$ 各测试断面水深、水位、流速测试结果

桩号	水深（m）			水位（m）			流速（m/s）		
	左	中	右	左	中	右	左	中	右
0 − 040	9.31	9.32	9.37	232.510	232.520	232.570	0.63	0.75	0.71
0 − 020	9.21	9.20	9.18	232.405	232.400	232.380	1.05	1.03	1.05
0 + 000	9.18	9.23	9.13	230.375	230.425	230.325	1.26	1.25	1.34
0 + 005	7.13	7.17	7.13	233.130	233.170	233.125	1.38	1.30	1.55
0 + 017	1.05	0.91	1.30	224.250	224.105	224.495	9.15	10.59	11.06
0 + 067	0.68	1.09	0.73	222.950	223.360	222.995	8.87	10.08	9.72
0 + 117	1.15	0.91	1.10	222.485	222.245	222.440	8.53	10.20	8.81
0 + 167	0.94	1.19	0.98	221.345	221.595	221.385	7.82	9.45	8.29
0 + 197	0.98	1.10	1.13	145.324	145.668	145.788	8.06	9.73	8.75

续表 6-14

桩号	水深（m）			水位（m）			流速（m/s）		
	左	中	右	左	中	右	左	中	右
0+198.9	1.02	1.14	1.19	220.814	220.934	220.979	7.40	9.29	7.88
0+206	1.32	1.20	1.31	222.458	222.338	222.448	7.81	7.70	7.15
0+227				214.155	215.215	214.340	3.25	3.07	0.94
0+247	1.91	1.76	1.71	214.410	214.255	214.205	3.21	3.26	3.22
0+310	2.12	2.62	2.65	213.336	213.836	213.866	4.35	3.14	2.74
0+350	2.32	2.54	2.75	213.351	213.576	214.110	4.22	3.39	3.07
0+400	1.06	2.52	2.48	211.871	213.331	213.291	6.04	4.01	3.17
0+450	1.76	1.56	1.84	212.341	212.141	212.421	3.70	5.24	5.16
0+500	1.58	1.48	1.48	211.937	211.872	211.837	4.76	5.52	5.34

表 6-15　$P=1\%$ 各测试断面水深、水位、流速测试结果

桩号	水深（m）			水位（m）			流速（m/s）		
	左	中	右	左	中	右	左	中	右
0−040	9.70	9.67	9.70	232.895	232.865	232.900	1.92	2.25	2.17
0−020	9.00	9.15	8.73	232.195	232.345	231.930	3.73	3.55	3.83
0+000	8.57	8.69	8.68	229.770	229.890	229.875	4.83	4.99	4.27
0+005	6.15	6.42	6.16	232.145	232.420	232.160	5.55	5.47	5.30
0+017	3.79	3.45	3.99	226.990	226.645	227.190	8.86	9.26	8.90
0+067	3.05	2.68	3.17	225.320	224.945	225.440	11.13	11.11	10.70
0+117	2.47	3.12	2.70	223.805	224.455	224.040	10.95	11.06	11.10
0+167	2.85	2.89	2.84	223.255	223.300	223.250	10.93	11.77	10.85
0+197	2.84	2.87	2.77	136.700	136.764	136.708	10.71	11.42	10.45
0+198.9	3.11	3.12	3.03	222.899	222.909	222.819	10.17	10.75	10.10
0+206	2.97	3.11	3.13	224.113	224.253	224.268	10.80	10.63	9.22
0+227				218.051	218.671	218.101	2.76	3.50	3.39
0+247				219.561	220.401	218.221	4.63	3.92	1.68
0+310	4.95	5.93	6.07	216.161	217.141	217.286	5.30	3.40	3.15
0+350	5.91	5.78	6.10	216.946	216.816	217.460	5.21	4.05	3.66
0+400	3.55	5.28	5.73	214.361	216.091	216.541	7.81	5.19	3.87
0+450	3.75	3.85	4.11	214.331	214.431	214.691	5.85	7.51	6.71
0+500	3.65	3.32	3.32	214.012	213.877	213.677	7.36	7.80	7.06

表 6-16　*P* = 0.05% 各测试断面水深、水位、流速测试结果

桩号	水深（m）			水位（m）			流速（m/s）		
	左	中	右	左	中	右	左	中	右
0 - 040	10.75	10.74	10.84	233.950	233.935	234.035	1.98	2.37	2.04
0 - 020	9.84	10.05	9.94	233.035	233.250	233.135	4.05	3.95	4.10
0 + 000	9.56	9.70	9.19	230.760	230.895	230.390	4.73	5.11	4.90
0 + 005	6.95	7.19	6.98	232.950	233.185	232.975	5.71	5.86	5.62
0 + 017	4.69	4.18	4.57	227.890	227.375	227.770	8.89	9.04	9.15
0 + 067	3.53	3.04	3.61	225.800	225.305	225.880	10.50	10.94	10.31
0 + 117	2.91	3.55	3.10	224.245	224.890	224.435	10.56	11.15	10.55
0 + 167	3.36	3.48	3.40	223.770	223.890	223.810	11.01	12.39	11.04
0 + 197	3.57	3.34	3.49	137.852	137.428	137.852	10.58	11.92	10.57
0 + 198.9	3.62	3.49	3.81	223.409	223.279	223.599	9.87	11.01	9.81
0 + 206	3.53	3.42	3.71	224.668	224.558	224.848	11.85	11.55	11.63
0 + 227				219.361	219.446	218.631	2.40	5.39	3.18
0 + 247				222.306	222.111	219.026	2.61	3.56	1.99
0 + 310	6.99	6.95	6.89	218.201	218.161	218.106	5.36	3.07	3.54
0 + 350	6.57	6.66	6.59	217.606	217.696	217.945	5.29	3.34	4.46
0 + 400	3.98	5.88	6.78	214.786	216.691	217.586	8.09	5.49	4.44
0 + 450	3.95	4.40	4.83	214.536	214.986	215.416	5.52	7.46	7.19
0 + 500	4.36	3.83	3.83	214.722	214.512	214.187	7.56	7.95	8.26

6.4.7　水流情况

6.4.7.1　闸前

20 年、30 年、50 年一遇洪水标准情况下,闸前水流均匀、平稳,水流条件较好。100 年及以上洪水标准情况下,闸前进水渠 0 - 020 断面左右岸进口处水流出现局部降落,但对进闸水流影响不大。

6.4.7.2　闸室段

进、出闸水流基本平稳、均匀。

6.4.7.3　泄槽段

水流基本平稳、均匀。该段水流流速较大,20 年一遇洪水标准情况下,流速为 7.18 ~ 10.05 m/s;30 年一遇洪水标准情况下,流速为 8.03 ~ 10.36 m/s;50 年一遇洪水标准情况下,流速为 7.82 ~ 11.06 m/s;100 年一遇洪水标准情况下,流速为 8.86 ~ 11.77 m/s;2 000年一遇洪水标准情况下,流速为 8.89 ~ 12.39 m/s。

6.4.7.4　挑流段

挑流坎挑射水流基本均匀,但受边墙影响,挑流坎两侧水流流速小于中间水流流速。挑射水流流速:20 年一遇洪水 6.73 ~ 7.11 m/s,30 年一遇洪水 7.27 ~ 9.82 m/s,50 年一遇洪水 7.15 ~ 9.29 m/s,100 年一遇洪水 9.22 ~ 10.75 m/s,2 000 年一遇洪水 9.87 ~ 11.85 m/s。

6.4.7.5　出水渠

在 20 年、30 年、50 年一遇洪水溢洪道泄量 300 m³/s 情况下,出水渠水流比较均匀,同一断面水深相差不大,但出水渠段流速变化较大,在 2.74 ~ 6.04 m/s。受 0 + 310 断面收缩、左岸边墙由斜坡变为直墙、0 + 350 ~ 0 + 450 弯道、0 + 400 前交通桥以及冲坑后堆积物等影响,100 年一遇、2 000 年一遇溢洪道出水渠水流极不均匀,0 + 310 断面水流折冲右岸;100 年一遇洪水水流流速为 2.76 ~ 7.81 m/s;2 000 年一遇洪水水流流速为 2.40 ~ 8.26 m/s。

6.5　结论与建议

6.5.1　结论

根据本次水工模型试验结果,对金斗水库除险加固溢洪道工程的初步设计得到以下结论:

(1)溢洪道工程进水段、闸室段、泄槽段和出水渠规划设计基本合理。

(2)溢洪闸溢流堰高程 226.0 m 时,实测设计洪水位 233.61 m($P = 1\%$),比设计调洪计算设计洪水位 232.81 m 高 0.8 m;实测校核洪水位 234.62 m($P = 0.05\%$),比设计调洪计算校核洪水位 233.89 m 高 0.73 m。模型试验实测设计洪水位、校核洪水位与原设计计算值相差较大。因此,溢洪闸泄洪能力不足。

(3)溢洪闸溢流堰高程调整至 225.2 m 时,实测设计洪水位 233.05 m($P = 1\%$),比设计调洪计算设计洪水位 232.81 m 高 0.24 m;实测校核洪水位 234.07 m($P = 0.05\%$),比设计调洪计算校核洪水位 233.89 m 高 0.18 m。

(4)在 50 年一遇及以下洪水标准(流量 300 m³/s)情况下,溢洪闸前水流均匀、平稳,进闸水流基本均匀,但超过 50 年一遇洪水标准时,进水渠左岸进口水流出现局部降落现象,但对进闸水流影响不大。因此,进水渠水流条件较好。

溢洪道泄槽水流平稳、均匀。

挑流坎水流基本均匀,但靠近边墙两侧水流流速较中间小,各洪水标准情况下水流挑距两侧小、中间大。

(5)20 年一遇洪水标准,溢洪道泄量 300 m³/s,控制水库水位 232.06 m,闸门开启高度 1.50 m;30 年一遇洪水标准,溢洪道泄量 300 m³/s,控制水库水位 232.35 m,闸门开启高度 1.46 m;50 年一遇洪水标准,溢洪道泄量 300 m³/s,控制水库水位 232.81 m,闸门开启高度 1.37 m。

(6)溢洪道自由泄流情况下,挑流坎起挑流量 250 m³/s。

（7）20 年、30 年、50 年一遇洪水，溢洪道泄量 300 m³/s 情况下，形成冲坑范围较小。100 年、2 000 年一遇洪水冲坑较深且范围较大，冲坑已发展至左岸边墙，会对边墙基础产生冲刷破坏。

（8）受 0 +310 断面收缩、左岸边墙由斜坡变为直墙、0 +350 ~0 +450 弯道、0 +400 前交通桥以及冲坑后堆积物等影响，100 年一遇、2 000 年一遇洪水溢洪道出水渠水流极不均匀，0 +310 断面水流折冲右岸。

（9）根据水库水位、闸前 0 -20 断面水深、流速 16 组数据的测试成果，本工程溢洪闸综合流量系数按水库水位计算为 0.293 ~0.391，按闸前 0 -020 断面为 0.301 ~0.395，其测试的流量系数大部分符合水库水位升高流量系数增加的规律。

6.5.2　建议

根据模型试验结果，对金斗水库除险加固溢洪道工程的初步设计提出以下建议：

（1）溢洪闸溢流堰高程225.2 m 时，实测设计洪水位比设计调洪计算设计洪水位高0.24 m，实测校核洪水位比设计调洪计算校核洪水位高 0.18 m。建议对坝高进行重新复核，必要时可降低溢流堰高程至 225.0 m。

（2）从测试结果看，挑流鼻坎挑射角 24°偏大，小流量时挑距小，起挑流量偏大，建议适当降低鼻坎挑射角 1° ~2°。

（3）100 年一遇及以上标准洪水泄流时，鼻坎挑射水流形成的冲坑较深、冲坑范围较大，对出水渠左岸边墙基础产生淘刷，建议采取相应工程措施。

（4）鉴于挑流鼻坎以后左岸为村庄，为确保村庄安全，建议出水渠左岸边墙提高设计标准。

第7章　昌里水库溢洪道水工模型试验

7.1　概　述

根据《平邑县昌里水库除险加固工程可行性研究报告》，工程设计情况简介如下。

7.1.1　工程概况

昌里水库位于山东省平邑县城东南约 35 km 处，是沂河水系祊河上游浚河支流——西皋河上的一座中型水库。昌里水库是一座以防洪为主，兼顾农田灌溉、淡水养殖等综合利用的中型水库。昌里水库总库容 7 183 万 m³，兴利水位 192.50 m。水库设计洪水标准为 100 年一遇，校核洪水标准为 2 000 年一遇，相应设计洪水位为 196.27 m，校核洪水位为 198.44 m。

7.1.2　工程等级及设计标准

7.1.2.1　工程等级及建筑物级别

根据《水利水电工程等级划分及洪水标准》（SL 252—2000）以及《防洪标准》（GB 50201—94）的规定，昌里水库为中型水库，工程等别为Ⅲ等，主要建筑物级别为 3 级，次要建筑物级别为 4 级。

7.1.2.2　防洪标准

依据《防洪标准》（GB 50201—94），昌里水库防洪标准为：正常运用（设计）洪水标准为 100 年一遇（$P=1\%$），非常运用（校核）洪水标准为 2 000 年一遇（$P=0.05\%$），消能防冲按 30 年一遇洪水设计（$P=3.3\%$）。

7.1.3　洪水调节计算结果

昌里水库洪水调节计算结果见表 7-1。

表 7-1　昌里水库洪水调节计算结果

洪水标准	库水位（m）	溢洪道流量（m³/s）	说明
$P=5\%$	195.67	300.0	控泄
$P=3.3\%$	195.67	1 239.2	自由泄流
$P=1\%$	196.27	1 363.7	自由泄流
$P=0.05\%$	198.44	1 843.8	自由泄流

7.1.4　溢洪道工程设计概况

新建溢洪道沿原溢洪道布置,溢洪道位于主坝右端 100 m 处,轴线与大坝轴线垂直,溢洪道主要由进水渠、控制段、泄槽、消能设施及出水渠组成。顺水流方向总长 858.4 m,其中进水渠长 80 m,控制段长 20.4 m,泄槽段长 267.62 m,消能设施段长 95.76 m,出水渠长 394.62 m;垂直水流方向闸室总宽度为 33.6 m;闸室两岸新筑土石坝与现状坝体连接,桥头堡设于闸室左岸,闸墩下游侧桩号为 0 − 028。根据方案比选,溢洪道消能形式采用挑流消能,挑流鼻坎起始于 0 + 239.62 处。水库溢洪道工程布置如图 7-1 所示。

7.1.4.1　进水渠(中泓桩号 0 − 128.4 ~ 0 − 048.4)

根据溢洪道现状地形,为保证水流平顺进入溢洪道,进口布置成对称的喇叭口形式,上游采用 C20 钢筋混凝土水平防渗,铺盖长 26 m、厚 0.5 m,采用 C10 混凝土垫层,厚 0.1 m,铺盖上下游设齿墙,底高程 187.0 m;闸上游左、右岸翼墙平面采用扶臂式挡土墙和 $R = 17.5$ m 的圆弧形浆砌石护坡。其中,扶臂式挡土墙段长 26 m,墙顶高程 200.3 m,基础底高程 186.1 m,底宽 9.83 m;圆弧段,圆弧(半径 17.5 m)和直线相切,长度为 27.5 m,采用 M10 浆砌石护坡,两岸翼墙对称布置,墙顶高程 200.3 m,基础底高程 186.4 m,齿墙宽 1.5 m,浆砌石护坡下设 0.1 m 厚碎石垫层,帽石采用 500 mm × 200 mm 混凝土预制块,上设栏杆。

7.1.4.2　控制段(中泓桩号 0 − 048.4 ~ 0 − 028)

控制段为 3 孔溢洪闸,闸室采用钢筋混凝土小底板式结构,顺水流方向长 20.4 m,垂直水流方向宽 33.6 m,共 3 孔,每孔净宽 10 m,总净宽 30 m,闸底板顶高程 187.0 m,厚 1.2 m。垫层采用 C15 混凝土,厚 0.1 m;上下游设齿墙,底高程 185.0 m;闸墩顶高程 200.3 m,中墩厚 1.8 m,上、下游墩头均为半圆形,边墩厚 1.8 m。

泄洪闸工作闸门采用 10 m × 8.0 m 弧形闸门,闸门布置在上游侧,闸门顶高程 195.0 m,配 QHQ$_1$ − 2 × 250 − 15(功率 11 kW)固定卷扬式启闭机启闭。工作闸门上游设 6 节 10 m × 1.5 m 叠梁式检修钢闸门,采用 CD1 − 150 kN(起升电机功率 13 kW)的电动葫芦启吊。交通桥布置在闸下游侧,采用空心混凝土板桥,桥顶中心高程 200.6 m,桥总长 35.2 m,桥宽 7.0 m + 2 × 0.6 m,设计荷载标准为公路—Ⅱ级设计。

7.1.4.3　泄槽段(中泓桩号 0 − 028 ~ 0 + 239.62)

泄槽轴线与闸轴线重合。泄槽采用等宽矩形断面,底部采用 C20 钢筋混凝土护砌,净宽 33.6 m,长 267.62 m,泄槽底板每 13.6 m 长、每 10.8 m 宽分缝,泄槽底板厚 0.40 m,下设 0.1 m 厚的 C10 混凝土垫层,每块上下游端设 0.5 m 深齿墙;首端高程 187.0 m,末端高程 180.33 m,为减少溢洪道石方开挖量,渠底设计纵坡坡比 $i = 1/40$,泄槽末端接挑流鼻坎。

7.1.4.4　消能设施(中泓桩号 0 + 239.62 ~ 0 + 335.38)

挑流鼻坎采用钢筋混凝土结构,净宽 33.6 m,挑坎顶高程为 181.77 m。挑坎反弧半径为 29.6 m,鼻坎挑射角 18°,反弧最低点高程 180.33 m;挑流鼻坎末端设齿墙,齿墙底高程为 162.27 m;齿墙下设 ϕ1 000 mm 的混凝土灌注桩,间距 1.5 m。挑射距离 42.5 m,冲坑底高程 153.14 m,顺水流方向长 5.0 m,冲坑上游按坡比 1:4 对岩石削坡,冲坑下游以

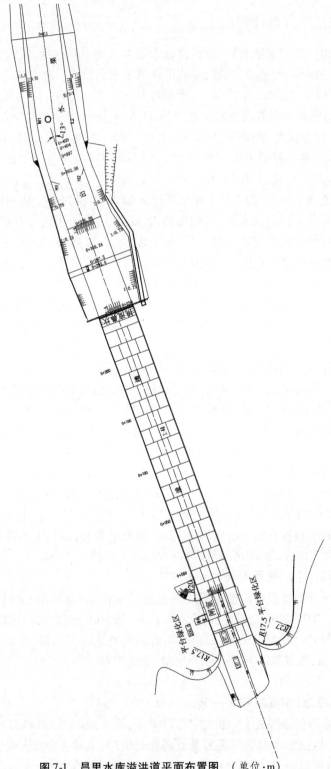

图 7-1　昌里水库溢洪道平面布置图　（单位：m）

1:4 倒坡与出水渠相接;C20 现浇混凝土护坡,坡比 1:0.75,厚 0.2 m,采用Φ22 钢筋锚固筋,梅花形布置,间距 1.5 m,外挂Φ12 的双向钢筋网,上接衡重式挡土墙。

7.1.4.5　出水渠(中泓桩号 0 +335.38 ~ 0 +730)

按照原出水渠进行布置。渠宽为 33.6 m。其中 0 + 335.38 ~ 0 + 404 段,下部采用 C25 混凝土锚喷护坡,坡比 1:0.75,φ8 的钢筋双向挂网,φ12 锚固筋进行锚固,上接衡重式挡土墙;0 + 404 ~ 0 + 585 段,下部护坡采用 C25 混凝土锚喷,坡比 1:0.75,φ8 的钢筋双向挂网,φ12 锚固筋进行锚固,上接 M10 浆砌石护坡,坡比 1:1.5;0 + 585 ~ 0 + 730 段,采用 M10 浆砌石护坡,坡比 1:1.5。

7.2　模型设计与制作

7.2.1　模型试验任务

7.2.1.1　模型试验任务

模型试验的任务为:①测试水库水位—溢洪闸泄量关系;②测试溢洪闸过流综合流量系数;③验证溢洪闸过流能力;④验证挑流鼻坎高程、反弧半径和挑射角的合理性,提供宣泄各频率洪水时的水流挑射距离和可能冲刷的深度和范围,以及对两岸的冲刷影响;⑤提出各频率洪水时溢洪道系统的水面线、流速分布等;⑥对出水渠布置方案及两岸边墙高度进行验证;⑦对设计方案提出合理的修改意见。

7.2.1.2　模型试验范围

根据本工程水工模型试验任务,结合工程实际情况,本次水工模型试验范围为:昌里水库溢洪闸前进水段开始到出水渠末,主要建筑物包括闸室、泄槽、挑流鼻坎。

7.2.2　模型设计

7.2.2.1　相似准则

本模型试验主要研究溢洪闸过流能力、溢洪道水流流态和消能情况。根据水流特点,为重力起主要作用的水流。因此,本模型试验按重力相似准则进行模型设计,同时保证模型水流流态与原型水流流态相似。

7.2.2.2　模型类别

根据模型试验任务和模型试验范围,本模型选用正态、定床、部分动床、整体模型,其中,挑流冲坑段为动床模型。

7.2.2.3　模型比尺

根据模型试验范围和整体模型试验要求,结合试验场地和设备供水能力,选定模型长度比尺 $L_r = 50$,其他各物理量比尺为

流量比尺:$Q_r = 50^{2.5} = 17\,678$;

流速比尺:$V_r = 50^{1/2} = 7.07$;

糙率比尺:$n_r = 50^{1/6} = 1.919$;

时间比尺:$T_r = 50^{1/2} = 7.07$。

7.2.2.4　模型布置

模型试验在专用的模型试验池内进行。根据工程平面布置图和各部尺寸,按 1:50 比尺将工程模型布置在模型池内。模型闸室及泄槽宽 67.2 cm,闸室长 40.8 cm,闸室上游进水段长 160 cm,泄槽长 535.24 cm,挑流坎长 20.772 cm;出水渠长 900 cm。

7.2.2.5　模型材料选用

模型材料根据原型工程实际材料和糙率,按糙率比尺选用。原型铺盖、闸室、泄槽及挑流鼻坎等混凝土或钢筋混凝土工程,糙率 0.014,模型用塑料板,原型出水渠渠底,糙率 0.030,模型用水泥砂浆抹面。

7.2.2.6　冲坑段

挑流鼻坎下游冲坑段(0 +250 ~ 0 +335.38)模型按动床设计,用天然散粒体模拟由沙砾石组成的原型河床,砾石粒径按式(1-1)计算,系数 K 取 5 ~ 7。

工程设计 0 +250 断面开挖高程为 163.77 m,0 +292.5 断面开挖高程为 153.14,0 +335.38 断面开挖高程为 162.61 m,冲坑上、下游底坡均为 1:4。为验证工程设计冲坑情况,本模型试验冲坑段方案为:

方案一:0 +250 断面开挖高程 163.77 m,0 +335.38 断面开挖高程为 162.61 m,0 +250 ~ 0 +335.38 溢洪道底高程至冲坑底高程 152.0 m 为砾石填筑冲坑。

方案二:0 +250 断面开挖高程 170 m,0 +335.38 断面开挖高程为 162.61 m,0 +250 ~ 0 +335.38 溢洪道底高程至冲坑底高程 152.0 m 为砾石填筑冲坑。

根据《平邑县昌里水库溢洪道工程地质勘探报告》,挑流鼻坎下游冲坑段(高程 170 ~ 162.61 m 以下)溢洪道岩石为二长花岗岩和闪长岩,呈中风化状态,不冲流速为 7 ~ 9.5 m/s。经计算,模型砾石粒径为 27.2 ~ 50 mm。

7.2.2.7　模型流量

根据流量比尺及原型流量,计算得到各洪水标准模型流量见表 7-2。

表 7-2　各洪水标准模型流量

洪水标准	原型流量(m³/s)	模型流量(m³/s)	闸门运用
$P = 5\%$	300	0.017	控泄
$P = 3.3\%$	1 239.2	0.070 1	闸门全开
$P = 1\%$	1 363.7	0.077 1	闸门全开
$P = 0.05\%$	1 843.8	0.104 3	闸门全开

7.2.3　模型制作

为确保水工模型试验精度,模型制作严格按模型设计和《水工(常规)模型试验规程》(SL 155—95)要求进行。

闸室段、泄槽和挑流段由木工按模型设计尺寸整体制作,精度误差控制在 ±0.2 mm以内。制作完成后在模型池内进行安装,高程误差控制在 ±0.3 mm 以内。

其他段在模型池内现场制作。制作时,模型尺寸用钢尺量测,建筑物高程误差控制在

±0.3 mm 以内。

地形的制作先用土夯实,上面用水泥砂浆抹面 1～2 cm。地形高程误差控制在 ±2.0 mm 以内,平面距离误差控制在 ±5 mm 以内。

冲坑段按照散粒体粒径计算结果,选用 40～60 mm 的石子铺设,为保证冲坑段石子铺设的密实度,选用 10～20 mm 的石子充填缝隙。

7.3　模型测试

7.3.1　模型测试方案

根据模型试验任务,本次模型试验设计了以下测试方案。

7.3.1.1　水库水位—溢洪闸泄量关系

量测不同水库水位下,闸门全开溢洪闸泄量。

7.3.1.2　溢洪闸过流综合流量系数

以水库、闸前 0 – 074.4 为测试断面,测试断面水深、流速,用实用堰流量公式计算溢洪闸过流综合流量系数。

7.3.1.3　鼻坎挑射角

方案一(原设计):挑射角 18°,鼻坎高程 181.77 m,鼻坎底高程 163.77 m。

方案二:挑射角 18°,鼻坎高程 181.77 m,鼻坎底高程 170 m。

方案三:挑射角 20°,鼻坎高程 182.11 m,鼻坎底高程 170 m。

7.3.1.4　起挑流量

测试溢洪道自由泄流情况下挑流鼻坎起挑流量。

7.3.1.5　冲坑段

方案一:0 + 250 断面开挖高程为 163.77 m,0 + 335.38 断面开挖高程为 162.61 m,0 + 250～0 + 335.38 溢洪道底高程至冲坑底高程 152.0 m 为砾石填筑冲坑。

方案二:0 + 250 断面开挖高程为 170 m,0 + 335.38 断面开挖高程为 162.61 m,0 + 250～0 + 335.38 溢洪道底高程至冲坑底高程 152.0 m 为砾石填筑冲坑。

7.3.1.6　溢洪道水深、水位、流速,冲坑参数测试

(1)$P = 5\%$,溢洪闸泄洪 300 m^3/s,库水位 195.67 m。模型放水流量 0.017 m^3/s,控制库水位达到 195.67 m,量测闸门开启高度及各断面的水深、流速,挑距,冲坑深度和范围。

(2)$P = 3.3\%$,溢洪闸泄洪 1 239.2 m^3/s。模型放水流量 0.070 1 m^3/s,闸门全开,量测水库水位及各断面的水深、流速,挑距,冲坑深度和范围。

(3)$P = 1\%$,溢洪闸泄洪 1 363.7 m^3/s。模型放水流量 0.077 1 m^3/s,闸门全开,量测水库水位及各断面的水深、流速,挑距,冲坑深度和范围。

(4)$P = 0.05\%$,溢洪闸泄洪 1 843.8 m^3/s。模型放水流量 0.104 3 m^3/s,闸门全开,量测水库水位及各断面的水深、流速,挑距,冲坑深度和范围。

7.3.2　测试断面设计

根据模型试验任务,本试验共设计了 18 个测试断面,各断面设计了左、中、右 3 条测垂线,测试断面见表 7-3。

表 7-3　测试断面设计

序号	桩号	位置	底高程(m)
1	0 − 074.4	闸前铺盖	187.00
2	0 − 048.4	闸前沿	187.00
3	0 − 028	闸后沿	187.00
4	0 + 000	泄槽	186.325
5	0 + 050	泄槽	185.075
6	0 + 100	泄槽	183.825
7	0 + 150	泄槽	182.575
8	0 + 200	泄槽	181.325
9	0 + 239.62	泄槽末	183.15
10	0 + 250	鼻坎	181.77
11	冲坑段最高水位断面	冲坑	
12	0 + 335.38	出水渠开始	182.61
13	0 + 400	出水渠	162.50
14	0 + 450	出水渠	162.42
15	0 + 500	出水渠	162.33
16	0 + 550	出水渠	162.25
17	0 + 600	出水渠	162.17
18	0 + 650	出水渠	162.08

7.4　试验成果

本次模型试验取得了以下试验成果。

7.4.1　闸门开启高度及水库水位

经测试,各种标准洪水闸门开启高度及水库水位如下:
(1)$P = 5\%$,闸门开启高度 1.1 m,水库水位 195.67 m。
(2)$P = 3.3\%$,闸门全开,水库水位 195.87 m。
(3)$P = 1\%$,闸门全开,水库水位 196.435 m。
(4)$P = 0.05\%$,闸门全开,水库水位 198.335 m。

7.4.2　水库水位—溢洪闸泄量关系

不同水库水位、闸前水位与溢洪闸泄量关系见表 7-4、图 7-2、图 7-3。

表7-4　水库水位—溢洪闸泄量关系

序号	水库水位(m)	闸前(0-074.4)水位(m)	溢洪闸泄量(m³/s)
1	188.820	188.473	106.3
2	189.545	189.038	179.8
3	190.105	189.658	250.1
4	190.670	190.050	320.2
5	191.310	190.625	419.5
6	191.880	191.145	502.1
7	192.650	191.773	627.6
8	193.255	192.248	734.7
9	193.950	192.835	862.1
10	194.410	193.165	949.2
11	195.155	193.833	1 109.4
12	195.855	194.535	1 239.2
13	195.870	194.555	1 258.5
14	196.435	194.810	1 363.7
15	196.675	195.265	1 439.1
16	197.770	196.100	1 694.6
17	198.335	196.333	1 843.8
18	198.635	196.718	1 932.1

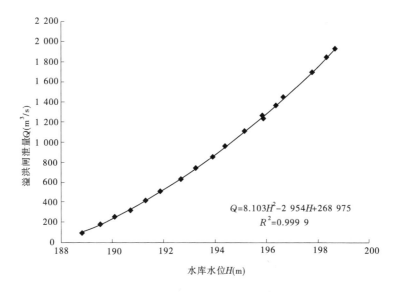

$$Q = 8.103H^2 - 2\ 954H + 268\ 975$$
$$R^2 = 0.999\ 9$$

图7-2　水库水位—溢洪闸泄量

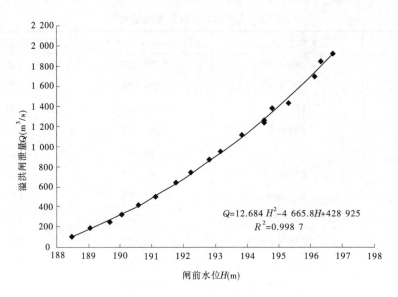

图 7-3　闸前水位—溢洪闸泄量

7.4.3　起挑流量

在自由泄流情况下,鼻坎挑射角 18°,经测试,挑流鼻坎起挑流量为 180 m³/s;鼻坎挑射角 20°,经测试,挑流鼻坎起挑流量为 260 m³/s。

7.4.4　溢洪闸综合流量系数

闸门全开、溢洪闸不同泄量情况下,溢洪闸综合流量系数测试结果见表 7-5、表 7-6。

表 7-5　溢洪闸综合流量系数测试结果(闸前 0 - 074. 4 断面)

序号	闸前水位 (m)	溢洪闸泄量 (m³/s)	堰上水深 (m)	测试断面流速 (m/s)	综合流量系数
1	188. 473	106. 3	1. 473	2. 540	0. 331
2	189. 038	179. 8	2. 038	2. 953	0. 346
3	189. 658	250. 1	2. 658	3. 100	0. 337
4	190. 050	320. 2	3. 050	3. 268	0. 354
5	190. 625	419. 5	3. 625	3. 493	0. 361
6	191. 145	502. 1	4. 145	3. 700	0. 355
7	191. 773	627. 6	4. 773	3. 842	0. 364
8	192. 248	734. 7	5. 248	4. 098	0. 367
9	192. 835	862. 1	5. 835	4. 262	0. 369
10	193. 165	949. 2	6. 165	4. 453	0. 372

续表 7-5

序号	闸前水位 （m）	溢洪闸泄量 （m³/s）	堰上水深 （m）	测试断面流速 （m/s）	综合流量系数
11	193.833	1 109.4	6.833	4.793	0.369
12	194.535	1 239.2	7.535	4.780	0.364
13	194.555	1 258.5	7.555	4.877	0.365
14	194.810	1 363.7	7.810	4.990	0.375
15	195.265	1 439.1	8.265	5.127	0.364
16	196.100	1 694.6	9.100	5.585	0.365
17	196.333	1 843.8	9.333	5.843	0.377
18	196.718	1 932.1	9.718	5.875	0.374

表 7-6　溢洪闸综合流量系数测试结果（水库水位）

序号	水库水位（m）	溢洪闸泄量（m³/s）	堰上水深（m）	综合流量系数
1	188.820	106.3	1.820	0.326
2	189.545	179.8	2.545	0.333
3	190.105	250.1	3.105	0.344
4	190.670	320.2	3.670	0.343
5	191.310	419.5	4.310	0.353
6	191.880	502.1	4.880	0.351
7	192.650	627.6	5.650	0.352
8	193.255	734.7	6.255	0.354
9	193.950	862.1	6.950	0.354
10	194.410	949.2	7.410	0.354
11	195.155	1 109.4	8.155	0.359
12	195.855	1 258.5	8.855	0.360
13	195.870	1 239.2	8.870	0.353
14	196.435	1 363.7	9.435	0.354
15	196.675	1 439.1	9.675	0.360
16	197.770	1 694.6	10.770	0.361
17	198.335	1 843.8	11.335	0.364
18	198.635	1 932.1	11.635	0.367

7.4.5　挑距、冲坑情况

各洪水标准情况下,挑距、冲坑范围、冲坑最大深度及冲坑后堆积物高程测试结果见表 7-7~表 7-18。

表 7-7　挑距测试结果(挑射角 18°、鼻坎底高程 163.77 m)

洪水标准	挑距(m)				
	左	左 1/2	中间	右 1/2	右
$P=5\%$	17	17	17	17	17
$P=3.3\%$	18.5	23.5	26.5	23.5	18.5
$P=1\%$	22	28	30	28	22
$P=0.05\%$	25	29	31	29	25

注:挑距量测为挑流坎外缘至水舌入水面外缘处,下同。

表 7-8　冲坑范围测试结果(挑射角 18°、鼻坎底高程 163.77 m)

洪水标准	冲坑距离鼻坎(m)									
	左		左 1/2		中间		右 1/2		右	
	内沿	外沿	内沿	外沿	内沿	外沿	内沿	外沿	内沿	外沿
$P=5\%$	4	23.5	5	24	5	24	4.5	23	5	24.5
$P=3.3\%$	8	60	9	60	8	61	7	60	7	56.5
$P=1\%$	10	65	10	65	10	65	10	65	10	65
$P=0.05\%$	11	80	11	80	11	80	11	80	11	80

表 7-9　冲坑最大深度测试结果(挑射角 18°、鼻坎底高程 163.77 m)

洪水标准	冲坑底高程(m)									
	左		左 1/2		中间		右 1/2		右	
	距离	高程	距离	高程	距离	高程	距离	高程	距离	高程
$P=5\%$	10	162.185	9	161.18	14	161.2	10	160.17	15	160.385
$P=3.3\%$	33	152	40	152	40	152.5	40	152	33	152
$P=1\%$	20~45	152	20~45	152	25~40	152	25~40	152	20~45	152
$P=0.05\%$	26~65	152	26~65	152	27~63	152	27~63	152	28~62	152

表 7-10　冲坑后堆积物高程测试结果(挑射角 18°、鼻坎底高程 163.77 m)

洪水标准	堆积物高程(m)									
	左		左 1/2		中间		右 1/2		右	
	距离	高程	距离	高程	距离	高程	距离	高程	距离	高程
$P=5\%$	25	165.655	27	166	28.5	165.97	28	166.02	26	165.685
$P=3.3\%$	65	167.16	86	168.26	90	168.29	90	168.24	65	167.85
$P=1\%$	70	166.84	70	167.28	90	168.77	70	167.89	70	167.23
$P=0.05\%$	102.5	168.085	85	168.75	85	168.045	85	167.785	102.5	167.135

表 7-11　挑距测试结果(挑射角 18°、鼻坎底高程 170 m)

洪水标准	挑距(m)				
	左	左 1/2	中间	右 1/2	右
$P=5\%$	16	16	16	16	16
$P=3.3\%$	23	27.5	27.5	27.5	27.5
$P=1\%$	25.5	29	29	29	25.5
$P=0.05\%$	27.5	30	30	30	27.5

表 7-12　冲坑范围测试结果(挑射角 18°、鼻坎底高程 170 m)

洪水标准	冲坑距离鼻坎(m)									
	左		左 1/2		中间		右 1/2		右	
	内沿	外沿	内沿	外沿	内沿	外沿	内沿	外沿	内沿	外沿
$P=5\%$	6	21	6	23.5	6	25	6	23	6	22
$P=3.3\%$	10	56	10	56	6.5	56	6	54	18.5	51
$P=1\%$	9	62	9	62	12	62	9	62	11	62
$P=0.05\%$	12	76	12	76	12	76	12	76	12	76

表 7-13　冲坑最大深度测试结果(挑射角 18°、鼻坎底高程 170 m)

洪水标准	冲坑底高程(m)									
	左		左 1/2		中间		右 1/2		右	
	距离	高程	距离	高程	距离	高程	距离	高程	距离	高程
$P=5\%$	19.5	165.595	16	164.715	20	163.835	20	163.82	20	164.485
$P=3.3\%$	36	153.45	35	155.05	40	154.45	41	156.625	38	154.2
$P=1\%$	33	152	33	153	38	154	38	154.6	40	153.15
$P=0.05\%$	31~57	152	35~66	152	37~62	152	40~65	152	40~62	152

表 7-14　冲坑后堆积物高程测试结果（挑射角 18°、鼻坎底高程 170 m）

洪水标准	堆积物高程（m）									
	左		左 1/2		中间		右 1/2		右	
	距离	高程	距离	高程	距离	高程	距离	高程	距离	高程
$P = 5\%$	35	168.67	28	169.515	27	169.05	27.5	168.905	31	168.45
$P = 3.3\%$	61	170.275	61	171.31	63.5	170.44	60	169.33	59	166.9
$P = 1\%$	66	168.85	65	169.85	69	170.1	67	169.05	67	169.3
$P = 0.05\%$	88	168.575	88	170.09	88	170.19	88	168.99	88	169.235

表 7-15　挑距测试结果（挑射角 20°、鼻坎底高程 170 m）

洪水标准	挑距（m）				
	左	左 1/2	中间	右 1/2	右
$P = 5\%$	16.5	16.5	16.5	16.5	16.5
$P = 3.3\%$	24	27	27	27	24
$P = 1\%$	26	28.5	28.5	28.5	26
$P = 0.05\%$	28.5	33	33	33	28.5

表 7-16　冲坑范围测试结果（挑射角 20°、鼻坎底高程 170 m）

洪水标准	冲坑距离鼻坎（m）									
	左		左 1/2		中间		右 1/2		右	
	内沿	外沿	内沿	外沿	内沿	外沿	内沿	外沿	内沿	外沿
$P = 5\%$	8.5	27.5	8.5	27.5	8.5	30	8.5	30	8.5	28
$P = 3.3\%$	8	57	8	57	8	57	8	57	8	57
$P = 1\%$	11	64	11	64	11	64	11	64	11	64
$P = 0.05\%$	9.5	70	9	70	12	70	7	70	7	70

表 7-17　冲坑最大深度测试结果（挑射角 20°、鼻坎底高程 170 m）

洪水标准	冲坑底高程（m）									
	左		左 1/2		中间		右 1/2		右	
	距离	高程	距离	高程	距离	高程	距离	高程	距离	高程
$P = 5\%$	17	165.47	17	163.635	17	164.925	25	165.265	23.5	164.71
$P = 3.3\%$	37	153.835	37	153.875	37	153.775	37	153.75	37	154.375
$P = 1\%$	41	153.385	40	152.95	38	153.325	38	152	38	152
$P = 0.05\%$	50	152	45	152	40	152	35	152	35	152

表7-18　冲坑后堆积物高程测试结果(挑射角20°、鼻坎底高程170 m)

洪水标准	堆积物高程(m)									
	左		左1/2		中间		右1/2		右	
	距离	高程	距离	高程	距离	高程	距离	高程	距离	高程
$P=5\%$	28	168.105	31	168.015	32	168.625	31	167.6	30	168.4
$P=3.3\%$	63	168.625	60	170.285	60	170.125	60	169.515	60	169.15
$P=1\%$	66	169.945	66	170.685	66	169.865	66	169.875	66	170.205
$P=0.05\%$	85	168.525	85	168.525	85	170.025	85	169.225	85	169.525

7.4.6　各洪水标准各测试断面水深、水位、流速测试结果

各洪水标准各测试断面的水深、水位、流速测试结果见表7-19～表7-30。

表7-19　$P=5\%$断面水深、水位、流速测试结果(挑射角18°、鼻坎底高程163.77 m)

桩号	水深(m)			水位(m)			流速(m/s)		
	左	中	右	左	中	右	左	中	右
0-074.4	8.62	8.55	8.57	195.620	195.550	195.570	1.08	1.08	1.04
0-048.4	8.47	8.64	8.67	195.465	195.635	195.665	1.18	1.10	1.19
0-028	0.88	0.85	0.87	187.875	187.850	187.865	11.17	11.85	11.72
0+000	0.93	0.65	0.96	187.255	186.975	187.285	10.45	9.17	10.74
0+050	0.78	0.91	0.88	185.855	185.980	185.955	10.02	11.90	9.98
0+100	0.86	0.82	1.00	184.680	184.645	184.825	9.56	10.85	9.87
0+150	0.81	0.98	0.86	183.380	183.560	186.430	8.20	10.49	8.68
0+200	0.97	0.66	1.05	182.295	181.985	182.375	9.19	10.49	9.55
0+239.62	0.98	0.81	0.85	181.310	181.145	181.180	8.24	10.29	8.94
0+250	1.04	1.10	1.31	182.805	182.870	183.075	8.78	9.16	8.83
0+297.5				165.835	165.740	166.225	2.09	2.70	2.36
0+335.38	2.46	2.38	2.34	165.070	164.985	164.950	3.26	3.88	4.55
0+400	2.29	2.62	2.13	164.785	165.115	164.625	3.15	3.46	3.35
0+450	1.97	2.29	1.89	164.390	164.710	164.305	3.85	3.53	2.67
0+500	2.34	2.36	2.51	164.665	164.690	164.840	4.06	3.89	2.70
0+550	2.58	2.41	2.50	164.825	164.660	164.750	3.55	3.67	3.05
0+600	1.89	2.05	2.20	164.055	164.215	164.370	4.43	3.95	3.41
0+650	2.18	2.20	2.20	164.255	164.030	164.280	3.62	4.48	3.36

表 7-20　$P=3.3\%$ 断面水深、水位、流速测试结果（挑射角 18°、鼻坎底高程 163.77 m）

桩号	水深（m）			水位（m）			流速（m/s）		
	左	中	右	左	中	右	左	中	右
0 − 074.4	7.36	7.71	7.36	194.360	194.710	194.360	4.43	5.13	5.28
0 − 048.4	7.01	8.00	7.17	194.010	195.000	194.165	4.82	5.03	5.19
0 − 028	4.49	4.65	4.49	191.490	191.645	191.490	8.65	8.73	8.66
0 + 000	3.65	3.75	3.29	189.975	190.070	189.615	9.95	10.28	10.47
0 + 050	3.01	3.43	3.39	188.080	188.500	188.465	10.71	11.22	10.27
0 + 100	3.34	2.90	3.04	187.165	186.720	186.865	10.81	12.36	11.74
0 + 150	3.10	3.05	2.79	185.675	185.620	188.365	11.25	12.77	11.90
0 + 200	2.47	2.82	2.83	183.795	184.140	184.150	11.98	13.55	12.59
0 + 239.62	2.87	2.58	3.17	183.205	182.910	183.500	11.75	13.74	12.75
0 + 250	3.39	2.75	2.91	185.160	184.515	184.680	11.30	12.90	11.93
0 + 310				174.920	175.100	174.760	1.75	1.92	1.51
0 + 335.38				170.900	172.250	171.170	7.29	3.92	6.79
0 + 400	5.84	6.56	5.64	168.335	169.060	168.135	6.55	3.60	5.78
0 + 450	5.24	5.57	4.85	167.655	167.985	167.270	8.89	6.38	5.74
0 + 500	4.74	4.52	5.59	167.065	166.845	167.915	9.21	7.09	5.76
0 + 550	4.39	4.42	4.41	166.640	166.665	166.655	9.23	7.48	5.74
0 + 600	4.50	4.64	4.18	166.670	166.810	166.345	8.51	6.66	4.59
0 + 650	4.40	4.35	4.35	166.475	166.160	166.425	9.02	7.49	6.03

表 7-21　$P=1\%$ 断面水深、水位、流速测试结果（挑射角 18°、鼻坎底高程 163.77 m）

桩号	水深（m）			水位（m）			流速（m/s）		
	左	中	右	左	中	右	左	中	右
0 − 074.4	7.69	7.93	7.68	194.690	194.930	194.675	4.75	5.23	5.44
0 − 048.4	7.67	8.83	7.88	194.670	195.830	194.875	5.43	5.61	5.42
0 − 028	4.85	4.89	5.20	191.850	191.890	192.200	9.08	9.23	9.25
0 + 000	3.95	4.17	3.50	190.270	190.495	189.820	10.37	10.51	10.75
0 + 050	3.33	3.70	3.67	188.400	188.775	188.745	10.59	11.48	11.01
0 + 100	3.65	3.30	3.38	187.475	187.125	187.205	11.29	12.50	11.85
0 + 150	3.53	3.53	3.33	186.100	186.100	188.900	11.47	13.71	12.22
0 + 200	2.76	3.38	3.15	184.085	184.700	184.475	12.02	13.72	12.80

续表 7-21

桩号	水深(m)			水位(m)			流速(m/s)		
	左	中	右	左	中	右	左	中	右
0 + 239.62	3.13	3.15	3.20	183.460	183.485	183.535	12.11	14.12	12.56
0 + 250	3.35	2.96	3.13	185.120	184.725	184.895	11.92	14.40	12.38
0 + 310				174.050	174.870	174.145	1.67	2.25	1.67
0 + 335.38				171.145	170.645	170.315	7.74	3.84	8.31
0 + 400	6.82	5.82	6.60	169.320	168.320	169.095	6.34	6.56	9.92
0 + 450	4.76	4.40	3.22	167.175	166.820	165.640	7.00	8.50	5.79
0 + 500	4.00	5.18	4.45	166.325	167.505	166.780	9.01	7.94	6.08
0 + 550	4.36	4.89	4.32	166.605	167.140	166.570	8.01	8.71	7.03
0 + 600	4.36	4.68	4.84	166.525	166.845	167.005	8.47	8.29	7.03
0 + 650	3.18	4.44	4.44	165.260	166.360	166.520	8.82	8.43	6.46

表 7-22 $P = 0.05\%$ 断面水深、水位、流速测试结果(挑射角 18°、鼻坎底高程 163.77 m)

桩号	水深(m)			水位(m)			流速(m/s)		
	左	中	右	左	中	右	左	中	右
0 − 074.4	9.16	9.51	9.25	196.160	196.505	196.250	5.98	5.71	5.87
0 − 048.4	9.46	9.45	9.31	196.455	196.445	196.305	6.76	6.36	6.49
0 − 028	6.35	6.00	6.43	193.350	193.000	193.425	10.01	10.08	9.95
0 + 000	5.07	5.25	4.63	191.390	191.575	190.950	11.51	11.39	11.30
0 + 050	4.98	4.95	4.58	190.050	190.025	189.650	11.63	12.57	11.89
0 + 100	4.44	4.25	4.25	188.265	188.075	188.075	12.40	13.44	12.44
0 + 150	4.29	3.63	4.13	186.865	186.200	189.700	13.24	15.03	13.65
0 + 200	3.58	3.95	3.70	184.900	185.275	185.025	13.80	14.22	14.34
0 + 239.62	4.30	3.73	4.23	184.630	184.065	184.565	13.81	15.54	13.65
0 + 250	4.09	3.83	3.78	185.860	185.595	185.545	14.63	16.49	14.94
0 + 297.5				173.195	174.070	173.845			
0 + 340				176.730	176.810	175.870			
0 + 400	12.66	13.09	12.43	170.225	170.660	169.995			
0 + 450	7.24	8.03	7.98	169.660	170.445	170.395			
0 + 500	5.78	4.83	5.88	168.110	167.155	168.205			
0 + 550	5.36	5.36	4.80	167.610	167.610	167.050			
0 + 600	6.74	6.99	7.02	168.905	169.155	169.185			
0 + 650	6.68	6.30	6.30	168.755	168.380	168.380			

表 7-23 $P=5\%$ 断面水深、水位、流速测试结果(挑射角 18°、鼻坎底高程 170 m)

桩号	水深(m)			水位(m)			流速(m/s)		
	左	中	右	左	中	右	左	中	右
0+297.5				168.020	168.430	168.050			
0+335.38	2.32	2.45	2.60	164.930	165.055	165.205	4.78	2.36	5.29
0+400	3.39	3.09	3.28	165.885	165.585	165.775	1.78	2.24	3.91
0+450	2.81	2.83	2.86	165.225	165.250	165.275	4.08	2.85	2.64

表 7-24 $P=3.3\%$ 断面水深、水位、流速测试结果(挑射角 18°、鼻坎底高程 170 m)

桩号	水深(m)			水位(m)			流速(m/s)		
	左	中	右	左	中	右	左	中	右
0+305				175.830	175.775	173.525	4.07	4.63	2.00
0+335.38				171.375	171.350	170.720	6.00		7.13
0+400	6.45	5.53	5.18	168.950	168.025	167.675	5.25	5.40	6.84
0+450	5.38	5.70	5.70	167.795	168.120	168.120	7.16	6.48	3.94

表 7-25 $P=1\%$ 断面水深、水位、流速测试结果(挑射角 18°、鼻坎底高程 170 m)

桩号	水深(m)			水位(m)			流速(m/s)		
	左	中	右	左	中	右	左	中	右
0+315				176.050	176.350	176.430	6.13	4.25	2.14
0+335.38				171.210	171.215	170.915	8.60	9.56	8.26
0+400	7.71	6.18	6.10	170.210	168.675	168.600	8.12	6.19	8.00
0+450	6.75	6.48	6.58	169.170	168.895	168.995	7.82	5.01	4.10

表 7-26 $P=0.05\%$ 断面水深、水位、流速测试结果(挑射角 18°、鼻坎底高程 170 m)

桩号	水深(m)			水位(m)			流速(m/s)		
	左	中	右	左	中	右	左	中	右
0+297.5				174.545	174.730	174.145	1.45	2.97	2.24
0+320				178.845	178.645	178.595	5.29	3.07	4.35
0+400	6.14	5.84	5.45	168.495	168.195	167.800	9.53	7.01	11.67
0+450	9.98	7.80	8.08	172.395	170.220	170.495	8.25	4.54	6.06

表 7-27　*P* = 5% **断面水深、水位、流速测试结果(挑射角** 20°、**鼻坎底高程** 170 m)

桩号	水深(m)			水位(m)			流速(m/s)		
	左	中	右	左	中	右	左	中	右
0 + 239.62	0.88	0.79	0.84	181.210	181.120	181.170	8.11	9.35	8.46
0 + 251	0.93	1.09	1.22	183.040	183.195	183.325	8.02	8.86	8.25
0 + 297.5				168.200	166.640	166.095			
0 + 335.38	2.48	1.84	2.13	165.085	164.445	164.735	3.82	4.48	3.83
0 + 400	2.30	2.42	2.32	164.795	164.920	164.820	3.14	3.74	3.62
0 + 450	2.78	2.50	2.55	165.195	164.920	164.970	3.45	3.31	2.47

表 7-28　*P* = 3.3% **断面水深、水位、流速测试结果(挑射角** 20°、**鼻坎底高程** 170 m)

桩号	水深(m)			水位(m)			流速(m/s)		
	左	中	右	左	中	右	左	中	右
0 + 239.62	2.87	2.95	3.08	183.200	183.285	183.410	10.55	12.38	10.88
0 + 251	3.38	2.82	2.88	185.490	184.925	184.990	10.18	12.23	10.38
0 + 304				175.840	176.345	174.905	2.51	2.56	1.04
0 + 335.38				171.185	171.945	170.840	4.83	1.01	3.14
0 + 400	6.14	5.29	6.46	168.635	167.785	168.955	5.07	6.59	4.10
0 + 450	6.06	6.28	5.61	168.480	168.695	168.025	6.67	6.50	3.88

表 7-29　*P* = 1% **断面水深、水位、流速测试结果(挑射角** 20°、**鼻坎底高程** 170 m)

桩号	水深(m)			水位(m)			流速(m/s)		
	左	中	右	左	中	右	左	中	右
0 + 239.62	3.14	3.10	3.23	183.470	183.435	183.560	9.84	12.53	11.63
0 + 251	2.93	2.80	3.00	185.035	184.910	185.105	9.92	12.56	11.97
0 + 305				175.985	176.765	175.610	3.26	3.12	3.26
0 + 335.38				171.260	171.910	171.155	4.85	7.02	4.88
0 + 400	5.76	6.61	6.71	168.260	169.105	169.210	4.56	3.86	7.06
0 + 450	5.82	6.30	5.83	168.235	168.720	168.245	8.86	5.64	5.31

表 7-30　$P=0.05\%$ 断面水深、水位、流速测试结果(挑射角 20°、鼻坎底高程 170 m)

桩号	水深(m)			水位(m)			流速(m/s)		
	左	中	右	左	中	右	左	中	右
0+239.62	4.35	3.69	4.25	184.680	184.020	184.580	11.09	13.69	12.23
0+251	4.08	3.74	3.73	186.185	185.845	185.835	12.08	13.64	12.45
0+297.5				174.535	175.160	174.560	2.45	2.93	2.18
0+322				178.585	178.535	178.410	2.93	5.75	2.14
0+400	9.05	7.90	7.25	171.560	170.410	169.760	9.43	7.30	10.14
0+450	5.04	5.51	4.05	167.460	167.925	166.470	11.30	10.01	8.99

7.4.7　水流情况

7.4.7.1　闸前

20 年一遇洪水标准情况下,闸前水流均匀、平稳,水流条件较好。30 年一遇及以上洪水标准情况下,闸前进水渠 0-074.4 断面左右岸进口处水流出现局部降落,其中左岸进口较右岸明显,但对闸室过流影响不大。

7.4.7.2　闸室段

进、出闸水流基本平稳、均匀。

7.4.7.3　泄槽段

水流基本平稳、均匀。该段水流流速较大,20 年一遇洪水标准情况下,流速为 8.2 ~ 11.9 m/s;30 年一遇洪水标准情况下,流速 9.95 ~ 13.74 m/s;100 年一遇洪水标准情况下,流速为 10.37 ~ 14.12 m/s;2 000 年一遇洪水标准情况下,流速为 12.44 ~ 15.54 m/s。

7.4.7.4　挑流段

挑流鼻坎挑射水流基本均匀,但受边墙影响,挑流鼻坎两侧水流流速小于中间水流流速。挑射水流流速:20 年一遇洪水 4.83 ~ 9.16 m/s,30 年一遇洪水 11.3 ~ 12.9 m/s,100 年一遇洪水 11.92 ~ 14.4 m/s,2 000 年一遇洪水 14.63 ~ 16.49 m/s。

7.4.7.5　出水渠

在 20 年一遇洪水、溢洪道泄量 300 m³/s 情况下,出水渠水流比较均匀,同一断面水深相差不大,出水渠段流速变化较小,一般为 3.15 ~ 4.48 m/s。30 年一遇及以上洪水标准、溢洪道自由泄流情况下,下泄流量大,出水渠水流不均匀,水流流速变化较大,最大流速为 30 年一遇洪水为 7.16 m/s、100 年一遇洪水为 9.56 m/s、2 000 年一遇洪水为 11.67 m/s,均超过出水渠段抗冲流速。

7.5　结论与建议

7.5.1　结论

根据本次水工模型试验结果得到以下结论:

（1）溢洪道工程规划设计基本合理。

（2）溢洪道进口 0 - 074.4 断面在溢洪闸自由泄流情况下,左右岸出现水位降落,水流条件一般,对进闸水流有一定影响,但影响不大。

溢洪道泄槽水流基本平稳、均匀。

挑流坎水流基本均匀,但靠近边墙两侧水流流速较中间小,各洪水标准情况水流挑距两侧小、中间大。

（3）20 年一遇洪水控制泄量 300 m³/s,溢洪闸闸门开启高度 1.1 m。实测 30 年一遇洪水水库水位 195.87 m,比调洪计算洪水位 195.67 m 高 0.2 m;实测 100 年一遇设计洪水位 196.435 m,比调洪计算设计洪水位 196.27 m 高 0.165 m;实测 2 000 年一遇校核洪水位 198.335 m,比调洪计算校核洪水位 198.44 m 低 0.105 m。因此,溢洪闸泄洪能力满足设计要求。

（4）溢洪道自由泄流情况下,挑流坎起挑流量在挑射角 18°情况下为 180 m³/s,在挑射角 20°情况下为 260 m³/s。

（5）挑距:各方案挑距,20 年一遇洪水、泄量 300 m³/s 情况下 16 ~ 17 m;30 年一遇洪水 18.5 ~ 27.5 m;100 年一遇洪水 22 ~ 30 m;2 000 年一遇洪水 25 ~ 31 m。鼻坎底高程 170 m 时,挑射角 20°时的挑距略大于挑射角 18°时的挑距。

（6）冲坑。方案一最大冲坑底高程:20 年一遇洪水 160.17 m,30 年一遇洪水及以上洪水均达到 152 m,且范围大。方案二最大冲坑底高程:20 年一遇洪水 163.82 m,30 年一遇洪水 153.45 m,100 年、2 000 年一遇洪水 152 m。方案三大冲坑底高程:20 年一遇洪水 163.635 m,30 年一遇洪水 153.75 m,100 年、2 000 年一遇洪水 152 m。鼻坎底高程 170 m 最大冲坑深及范围均小于鼻坎底高程 163.77 m 的冲刷情况。

（7）冲坑范围:溢洪道泄量越大、挑射角越大,冲坑内缘距鼻坎的距离越大。冲坑内缘距鼻坎的最小距离(20 年一遇),方案一为 4.0 m,方案二为 6 m,方案三为 8.5 m。冲坑外缘距鼻坎的最大距离(2 000 年一遇),方案一为 80 m,方案二为 76 m,方案三为 70 m。

20 年一遇洪水形成的冲坑范围较小。100 年、2 000 年一遇洪水冲坑较深且范围较大。

（8）冲坑堆积物:20 年一遇洪水冲坑后形成的堆积物较少,30 年一遇及以上洪水冲坑后形成较大范围的堆积物,堆积物大都堆积在 0 + 310 ~ 0 + 430,主要集中在 0 + 310 ~ 0 + 350。

（9）20 年一遇洪水出水渠流速为 3.15 ~ 4.48 m/s,大部分在 4.0 m/s 以下,基本满足高程地质勘测报告建议岩石的允许抗冲流速为 4.0 m/s 的要求,但超过 20 年一遇洪水标准,出水渠水流流速较大,超过抗冲流速。

（10）根据对水库水位、闸前 0 - 074.4 断面水深、流速 18 组数据的测试结果,本工程溢洪闸综合流量系数按水库水位计算为 0.26 ~ 0.367,按闸前 0 - 074.4 断面计算为 0.331 ~ 0.377,其测试的流量系数大部分符合水库水位升高流量系数增加的规律,其中按水库水位测试的溢洪闸综合流量系数规律较好。

7.5.2　建议

根据模型试验结果,对昌里水库除险加固溢洪道工程初步设计提出以下建议:

（1）实测设计洪水位比调洪计算设计洪水位高 0.165 m，建议对坝高进行复核。

（2）从测试结果看，在鼻坎底高程 170 m 情况下，虽然挑射角 20°时的挑距略大于挑射角 18°时的挑距，但冲刷加剧，且鼻坎需要延长 0.97 m，鼻坎高程由 181.77 m 增加为 182.11 m，已高于溢洪道左侧防汛公路路面。另外，鼻坎挑射角 20°时的起挑流量为 260 m^3/s，明显大于 18°时的起挑流量 180 m^3/s。考虑到溢洪道小流量运行概率较高，同时为减少工程量，尽量使鼻坎与溢洪道左侧防汛公路协调，建议鼻坎挑射角为 18°。

（3）工程原设计（方案一）冲坑段开挖量过大，形成的冲坑深、范围大，为减少溢洪道开挖工程量，建议鼻坎底高程由原设计 163.77 m 提高为 170 m，出水渠底始高程不变。

（4）为防止小流量对鼻坎底淘刷，建议在鼻坎下做 5～8 m 的混凝土裙板。

（5）溢洪道泄量超过 300 m^3/s 时，出水渠流速超过抗冲流速。为降低出水渠冲刷，建议出水渠采取适当的防冲措施。

（6）鉴于溢洪道左岸为防汛公路，为确保各种情况下该公路的安全，建议对冲坑段左岸边墙加强护砌，并根据水位测试结果按校核情况设计边墙高程。同时，考虑到鼻坎挑射水流形成的水雾可能影响到左侧防汛公路通行，建议设计时考虑防水雾措施。

（7）原设计出水渠底宽较小，建议根据溢洪道左岸防汛公路位置，从冲坑开始尽可能加宽出水渠底宽，以减小出水渠护砌高度与边墙高度，同时降低出水渠水流流速。

（8）原设计出水渠开挖量较大，且下游河道需清淤整治 1.5 km，建议适当抬高出水渠底高程，尽量减少下游河道清淤量。

第 8 章　仁河水库溢洪道水工模型试验

8.1　概　述

根据《青州市仁河水库除险加固工程可行性研究报告》,工程设计情况简介如下。

8.1.1　工程概况

仁河水库位于青州市西南山区庙子镇境内,小清河水系淄河支流的仁河中游,控制流域面积 80 km²。水库于 1975 年 12 月动工兴建,1980 年 12 月建成蓄水,是一座以防洪、灌溉为主,兼顾发电、养鱼、城市供水等综合利用的中型水库。水库枢纽工程由浆砌石重力坝、均质土坝及阶地段土坝、溢洪道、放水洞等组成。水库总库容 2 696 万 m³,兴利水位 336.00 m,兴利库容 2 160 万 m³。仁河水库下游 20 km 处为胶济铁路,40 km 处为 309 国道,15 km 处为胶王公路,距青州市经济强镇庙子镇 15 km,距淄博市临淄区 35 km,坝下游另有国家大型企业胜利油田化工总厂等厂矿企业。

8.1.2　工程等级及设计标准

8.1.2.1　工程等级及建筑物级别

根据《水利水电工程等级划分及洪水标准》(SL 252—2000)、《溢洪道设计规范》(SL 253—2000),仁河水库为中型水库,工程等别为 III 等,主要建筑物级别为 3 级,次要建筑物级别为 4 级。

8.1.2.2　防洪标准

依据《防洪标准》(GB 50201—94),仁河水库防洪标准为:正常运用(设计)洪水标准为 100 年一遇($P=1\%$),非常运用(校核)洪水标准为 2 000 年一遇($P=0.05\%$),消能防冲按 30 年一遇洪水设计($P=3.3\%$)。

8.1.3　洪水调节计算结果

仁河水库洪水调节计算结果见表 8-1。

表 8-1　仁河水库洪水调节计算结果

洪水标准	水库水位(m)	泄量(m³/s)	泄流方式
$P=10\%$	337.66	387	自由泄流
$P=5\%$	338.02	510	自由泄流
$P=2\%$	338.03	660	自由泄流
$P=1\%$	338.53	788	自由泄流
$P=0.1\%$	339.34	1 272	自由泄流
$P=0.05\%$	339.72	1 490	自由泄流

8.1.4　溢洪道工程设计概况

除险加固工程主要包括浆砌石重力坝、均质土坝阶地、溢洪道、放水洞等工程。其中，溢洪道工程有溢流重力坝段、挑流坎下混凝土护坦、冲坑段边墙护砌等工程，如图 8-1 所示。

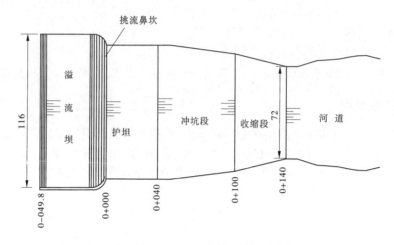

图 8-1　仁河水库溢洪道平面布置图　（单位:m）

0 - 049.8 ~ 0 + 000 为溢流坝段(桩号自挑流坎算起)。溢流坝位于重力坝 B0 + 057 ~ B0 + 173 坝段上，水库溢洪方式为无控制坝顶溢流。堰顶高程 336.0 m，溢流堰净宽 110.0 m，溢流堰剖面采用克奥曲线，堰上设计水头 2.44 m，设计流量 877 m³/s，消能采用挑流方式，挑射角 25°。溢流坝上建有交通桥，全长 116 m，桥宽 6.5 m，桥墩厚 0.6 m，共 11 孔，每孔净宽 10 m。

溢流堰加固处理:溢流堰加固处理拟采用丙乳砂浆补强方案,具体做法:一是将表层原龟裂砂浆凿除,在钢筋混凝土裂缝处剔槽,用丙乳砂浆填充;二是将原钢筋混凝土表面凿毛,然后均匀抹一层 2 cm 厚的丙乳砂浆。

0 + 000 ~ 0 + 040 为护坦段。为防止小流量时冲刷挑流坎下岩石以及岩石风化,拟在挑流坎下设置护坦,护坦为 C15 混凝土结构,厚 40 cm,顺水流长 40 m,宽 100 m。

0 + 040 ~ 0 + 100 为冲坑段,0 + 100 ~ 0 + 140 为收缩段。0 + 140 以后接原河道。

另外,挑流坎后溢洪道西侧现堆积有大量的石渣和沙砾石土,开挖后拟设浆砌石挡土墙支护。挡土墙顶宽 1.0 m,临空面直立,挡土侧边坡 1:0.5,坐落于基岩之上。

8.2　模型设计与制作

8.2.1　模型试验任务

8.2.1.1　模型试验任务

根据《仁河水库除险加固工程溢洪道水工模型试验要求》,本次模型试验的主要任务是:①验证设计的调洪指标;②测试水库水位—溢流堰泄量关系;③测试水库水位—溢流堰综合流量系数关系;④测试挑射距离及冲坑段的冲刷范围、深度;⑤观测溢洪道(河道)各段水流流态、水面线及流速分布;⑥观测河道交通桥的过流能力;⑦根据模型试验情况对溢洪道工程设计提出修改意见。

8.2.1.2　模型试验范围

根据模型试验任务,仁河水库溢洪道工程水工模型试验的范围为水库溢流堰前部分库区至溢洪道 1 + 250 段,主要建筑物为溢流堰和河道 1 + 250 处交通桥。

8.2.2　模型设计

8.2.2.1　相似准则

本模型试验主要研究溢流堰过水能力、溢洪道水流流态和消能情况。根据溢洪道水流为重力起主要作用的特点,本模型试验按重力相似准则进行模型设计,同时保证模型水流流态与原型水流流态相似。

8.2.2.2　模型类别

根据模型试验任务和模型试验范围,本模型选用正态、定床、部分动床、整体模型。

8.2.2.3　模型比尺

根据模型试验范围和整体模型试验要求,结合试验场地和设备供水能力,选定模型几何比尺 $L_r = 80$,其他各物理量比尺为

流量比尺:$Q_r = 80^{2.5} = 57\ 243$;

流速比尺:$V_r = 80^{1/2} = 8.944$;

糙率比尺:$n_r = 80^{1/6} = 2.076$;

时间比尺:$T_r = 80^{1/2} = 8.944$。

8.2.2.4　模型设计

模型试验任务与要求,仁河水库溢洪道水工模型试验的范围为:部分库区—河道 1 + 250,包括部分库区、溢流堰、护坦段、冲坑段和下游河道及交通桥。其中,挑流坎后冲坑部分按动床模型设计,其余部分按定床设计,模型主要建筑物为溢流堰、河道 1 + 250 处交通桥。模型池尺寸为 6 m × 20 m。建筑物、河道和地形尺寸及高程按几何比尺设计,模型材料按糙率比尺选择。对混凝土溢流堰,用高级汽车快干腻子磨光,其他钢筋混凝土和浆砌石,模型用有机玻璃;原状河道模型用细水泥砂浆抹面。

0 + 040 ~ 0 + 100 为长 60 m 的冲坑段,该段按动床模型设计。根据《仁河水库除险加固工程可行性研究报告》,该段岩石为上寒武系固山组钙质页岩夹薄层灰岩。参照 1976 年山东省水利科学研究所《益都县仁河水库溢流坝水工模型试验报告》,抗冲流速取 3 ~ 5 m/s。该段动床用散粒体模拟原型河床,散粒体用砾石作为模型试验用材料,砾石粒径根据原型河床的允许流速换算为模型值,用式(1-1)换算为模型当量粒径。冲坑段抗冲流速为 3 ~ 5 m/s,相应模型流速为 0.34 ~ 0.56 m/s,取系数 K 为 5.5,则换算为模型砾石粒径为 3.8 ~ 10.3 mm。

8.2.3　模型制作

根据水工模型试验要求,为确保水工模型试验精度,模型制作严格按模型设计和《水

工(常规)模型试验规程》(SL 155—95)要求进行。

堰上交通桥及桥墩、溢洪道 1 + 250 处交通桥用塑料板由木工按模型设计尺寸整体制作,精度控制在误差 ±0. 2 mm 以内。制作完成后在模型池内进行安装,高程误差控制在 ±0. 3 mm 以内。

其他段在模型池内现场制作。制作时,模型尺寸用钢尺量测,建筑物高程误差控制在 ±0. 3 mm 以内。

河道地形的制作先用土夯实,上面用水泥砂浆抹面 1 ~ 2 cm。地形高程误差控制在 ±2. 0 mm 以内,平面距离误差控制在 ±5 mm 以内。

冲坑段按照散粒体粒径计算结果,选用 5 ~ 10 mm 的石子铺设。

8.3　模型测试

8.3.1　模型测试方案

根据模型试验任务,本次模型试验具体测试方案为:

(1)各种洪水标准在自由泄流情况下,泄流量达到设计标准时,测量水库水位。

(2)自由泄流情况下,水库水位—溢流堰泄量关系及溢流堰流量系数。

(3)溢洪道(河道)水位、水深、流速测量和水流现象观测:

①20 年一遇,溢洪道泄量 510 m^3/s。模型放水流量 0. 008 9 m^3/s,观测水库水位及挑流情况。

②50 年一遇,溢洪道泄量 660 m^3/s。模型放水流量 0. 011 5 m^3/s,测量水库水位及溢洪道测试断面的水位、水深、流速,观测溢洪道水流现象。

③100 年一遇,溢洪道泄量 788 m^3/s。模型放水流量 0. 013 7 m^3/s,测量水库水位及溢洪道测试断面的水位、水深、流速,观测溢洪道水流现象。

④1 000 年一遇,溢洪道泄量 1 272 m^3/s。模型放水流量 0. 022 2 m^3/s,测量水库水位及溢洪道测试断面的水位、水深、流速,观测溢洪道水流现象。

⑤2 000 年一遇,溢洪道泄量 1 490 m^3/s。模型放水流量 0. 026 m^3/s,测量水库水位,观测溢洪道水流现象。

⑥挑射距离与冲坑段冲刷范围、冲刷深度测试。测试 50 年、100 年、1 000 年一遇洪水标准泄流情况下,挑射距离与冲坑段冲刷范围、冲刷深度。

8.3.2　测试断面设计

根据模型试验任务,本试验共设计了 18 个测试断面,各断面测试河道中、左、右河底三条测垂线,其中 0 + 150、0 + 200 为五条测垂线,测试断面位置见表 8-2。

表 8-2　测试断面设计

序号	桩号	溢洪道中心底高程(m)	位置
1	0 – 064		堰前
2	0 – 049.8	336.100	溢流堰顶
3	0 – 005.1	291.100	反弧底点
4	0 – 001.9	292.040	挑流坎
5	0 + 100	282.000	冲坑后
6	0 + 150	283.580	原河道
7	0 + 200	282.600	原河道
8	0 + 300	281.210	原河道
9	0 + 400	278.950	原河道
10	0 + 500	277.580	原河道
11	0 + 600	275.520	原河道
12	0 + 700	274.050	原河道
13	0 + 805	274.090	生产桥
14	0 + 900	271.800	原河道
15	1 + 000	271.170	原河道
16	1 + 100	271.110	原河道
17	1 + 200	270.050	原河道
18	1 + 250	268.400	交通桥

8.4　试验成果

本次模型试验取得了以下试验成果。

8.4.1　各种标准洪水对应的水库水位

经测试,各种标准洪水在自由泄流情况下实测水库水位如下:

(1)10 年一遇,泄量 387 m³/s,水库水位 337.80 m。

(2)20 年一遇,泄量 510 m³/s,水库水位 338.13 m。

(3)50 年一遇,泄量 660 m³/s,水库水位 338.40 m。

(4)100 年一遇,泄量 788 m³/s,水库水位 338.65 m。

(5)1 000 年一遇,泄量 1 272 m³/s,水库水位 339.53 m。

(6)2 000 年一遇,泄量 1 490 m³/s,水库水位 339.92 m。

8.4.2　挑流坎起挑流量

经测试,挑流坎起挑临界流量为 309 m^3/s,水流出现贴壁的临界流量为 143 m^3/s。

8.4.3　水库水位—溢洪闸泄量关系

闸门全开水库水位—溢洪闸泄量关系测试结果见表 8-3、图 8-2。

表 8-3　水库水位—溢洪闸泄量关系

序号	库水位(m)	泄量(m^3/s)
1	340.780	2 164
2	339.920	1 490
3	339.892	1 488
4	339.596	1 294
5	339.532	1 272
6	339.164	1 065
7	339.092	1 002
8	338.765	836
9	338.648	788
10	338.540	721
11	338.404	660
12	338.388	635
13	338.130	510
14	338.012	469
15	337.800	387
16	337.436	252
17	337.116	143
18	336.828	74

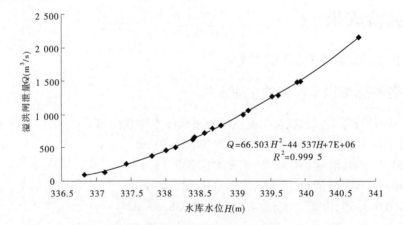

图 8-2　水库水位—溢洪闸泄量关系

8.4.4　流量系数

自由出流情况下,不同流量、不同水位溢流堰流量系数测试结果见表8-4,水库水位—溢流堰流量系数关系见图8-3。

表8-4　溢流堰流量系数测试结果

库水位(m)	流量(m³/s)	堰上水深 H(m)	流速 v(m/s)	流量系数 m	流态
340.780	2 164	4.656	1.055	0.434	自由堰流
339.892	1 488	3.728	0.805	0.419	自由堰流
339.596	1 294	3.384	0.730	0.422	自由堰流
339.532	1 272	3.208	0.650	0.450	自由堰流
339.164	1 065	3.008	0.618	0.415	自由堰流
339.092	1 002	2.896	0.637	0.413	自由堰流
338.756	836	2.592	0.543	0.408	自由堰流
338.388	635	2.208	0.468	0.394	自由堰流
338.012	469	1.840	0.336	0.384	自由堰流
337.436	252	1.272	0.280	0.359	自由堰流

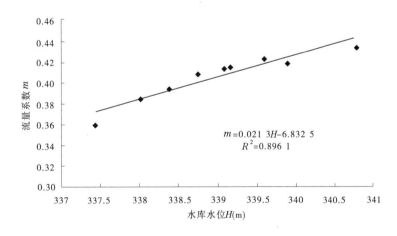

图8-3　水库水位—溢流堰流量系数关系

8.4.5　各种标准的洪水水位、水深、流速测试结果

50年、100年、1 000年一遇洪水情况下各测试断面的水位、水深、流速测试结果见表8-5～表8-7。0+150、0+200断面各种洪水标准下水位、水深、流速测试结果见表8-8。

表 8-5　50 年一遇洪水溢洪道测试断面水位、水深、流速测试结果

断面	左				中心线				右			
	水位 (m)	水深 (m)	平均流速 (m/s)	最大流速 (m/s)	水位 (m)	水深 (m)	平均流速 (m/s)	最大流速 (m/s)	水位 (m)	水深 (m)	平均流速 (m/s)	最大流速 (m/s)
0−064	338.217		0.36	0.36	338.217		0.45	0.45	338.217		0.36	0.36
0−049.8	337.644	1.544	3.92	3.92	337.676	1.576	3.80	3.80	337.652	1.552	4.11	4.11
0−005.1	291.364	0.264			291.332	0.232			291.412	0.312		
0−001.9	292.424	0.384			292.448	0.408			292.408	0.368		
0+100	288.960	6.960	1.65	1.95	289.232	7.232	1.49	2.12	289.608	7.608	1.28	1.80
0+150	288.814	2.592	2.97	2.97	289.100	5.520	2.17	2.19	288.310	2.264	4.21	4.21
0+200	288.492	1.424	3.55	3.55	287.216	4.616	4.87	5.05	288.460	0.960	8.00	8.00
0+300	281.732	0.344	0.73	0.73	283.266	2.056	9.86	9.86	286.516			
0+400	281.644	1.416	7.04	7.04	280.206	1.256	11.19	11.19	280.420	0.720	4.70	4.70
0+500	278.716	0.936	10.65	10.65	279.540	1.600	7.68	7.68	280.980	0.800	5.07	5.07
0+600	276.924	0.784	4.10	4.10	279.000	3.480	6.07	6.07	277.932	3.536	1.29	1.58
0+700	278.020	2.976	1.14	1.14	278.322	4.272	4.02	4.24	278.628	4.608	3.47	3.76
0+805	277.012	1.872	6.06	6.06	275.602	1.512	4.79	4.79	276.102	1.816	6.00	6.00
0+900	274.924	1.480	5.73	5.73	275.344	3.544	6.49	6.52	275.228	2.280	5.98	5.98
1+000	274.236	1.096	3.77	3.77	273.626	2.456	6.90	6.90	273.956	2.072	2.68	2.68
1+100	273.052	1.024	6.91	6.91	273.150	2.040	7.64	7.64	272.508	1.080	10.50	10.50
1+200	272.220	1.912	4.50	4.50	272.562	2.512	5.95	6.06	271.620	1.568	6.95	6.95
1+250	271.444	2.664	5.64	5.64	270.272	1.872	4.92	4.92	272.284	3.512	6.79	6.79

表 8-6　100 年一遇洪水溢洪道测试断面水位、水深、流速测试结果

断面	左				中心线				右			
	水位 (m)	水深 (m)	平均流速 (m/s)	最大流速 (m/s)	水位 (m)	水深 (m)	平均流速 (m/s)	最大流速 (m/s)	水位 (m)	水深 (m)	平均流速 (m/s)	最大流速 (m/s)
0-064	338.496		0.54	0.54	338.496		0.51	0.51	338.496		0.45	0.45
0-049.8	337.700	1.600	3.94	3.94	337.844	1.744	4.47	4.47	337.724	1.624	4.19	4.19
0-005.1	291.396	0.296	21.00	21.00	291.444	0.344	19.50	19.50	291.468	0.368	19.00	19.00
0-001.9	292.472	0.432	21.00	21.00	292.400	0.360	19.50	19.50	292.512	0.472	19.00	19.00
0+100	289.400	7.400	1.57	1.79	289.624	7.624	2.75	3.40	289.952	7.952	1.13	1.24
0+150	288.990	2.768	3.18	3.18	289.334	5.752	2.53	2.57	288.766	2.720	4.65	4.65
0+200	288.724	1.656	4.24	4.24	288.536	5.936	5.08	5.25	288.620	1.120	6.42	6.42
0+300	281.812	0.424	6.59	6.59	283.514	2.304	10.46	10.46	286.700	0.184		
0+400	281.708	1.480	7.79	7.79	280.230	1.280	12.52	12.52	280.828	1.128	3.62	3.62
0+500	278.740	0.960	7.29	7.29	279.552	1.972	8.96	8.96	281.700	1.520	5.53	5.53
0+600	277.660	1.520	3.97	4.67	279.160	3.640	9.67	9.67	277.948	3.552	2.56	3.18
0+700	278.460	3.416	1.13	1.44	278.930	4.880	4.92	5.07	279.404	5.384	3.54	3.60
0+805	277.348	2.208	6.61	6.61	276.234	2.144	6.20	6.20	276.190	1.904	6.89	6.89
0+900	275.308	1.864	6.17	6.17	276.120	4.320	6.62	6.74	275.244	2.296	6.55	6.55
1+000	274.532	1.392	4.32	4.32	273.818	2.648	7.78	7.78	274.156	2.272	4.62	4.62
1+100	273.452	1.424	4.29	4.29	273.190	2.080	8.40	8.40	272.868	1.440	7.05	7.05
1+200	272.372	2.064	5.32	5.32	272.970	2.920	6.56	6.56	271.916	1.864	7.40	7.40
1+250	272.636	3.856	5.99	6.31	272.856	4.456	4.57	5.75	272.436	3.664	5.96	6.23

表8-7 1 000年一遇洪水溢洪道测试断面水位、水深、流速测试结果

断面	左				中心线				右			
	水位 (m)	水深 (m)	平均流速 (m/s)	最大流速 (m/s)	水位 (m)	水深 (m)	平均流速 (m/s)	最大流速 (m/s)	水位 (m)	水深 (m)	平均流速 (m/s)	最大流速 (m/s)
0−064	339.308		0.58	0.58	339.308		0.81	0.81	339.308		0.56	0.56
0−049.8	338.356	2.256	5.35	5.35	338.436	2.336	5.29	5.29	338.380	2.280	5.25	5.25
0−005.1	291.540	0.440	14.00	14.00	291.588	0.488	12.90	12.90	291.556	0.456	12.38	12.38
0−001.9	292.608	0.568	15.00	15.00	292.560	0.520	19.00	19.00	292.544	0.504	12.28	12.28
0+100	290.000	8.000	2.23	2.66	291.168	9.168	4.56	5.80	290.264	8.264	1.06	1.60
0+150	290.806	4.584	1.99	2.36	290.244	6.664	4.27	4.61	290.600	4.544	4.27	4.61
0+200	289.572	2.504	4.44	4.44	289.360	6.760	6.18	6.40	289.340	1.840	5.07	5.07
0+300	282.108	0.720	8.60	8.60	284.370	3.160	10.82	10.82	287.292	0.776	4.22	4.22
0+400	282.044	1.816	8.60	8.60	280.470	1.520	12.92	12.92	281.108	1.408	1.20	1.20
0+500	279.052	1.272	6.65	6.65	279.564	1.984	10.60	10.60	282.404	2.224	5.56	5.56
0+600	278.292	2.152	8.71	8.71	280.248	4.728	10.23	10.23	279.444	5.048	1.90	2.57
0+700	280.228	5.184	2.14	3.49	280.002	5.952	6.20	6.36	280.004	5.984	1.14	1.20
0+805	278.148	3.008	7.66	7.66	277.130	3.040	9.84	9.84	278.022	3.736	7.92	8.67
0+900	276.276	2.832	7.46	7.46	276.648	4.848	8.62	8.80	275.588	2.640	7.20	7.20
1+000	275.444	2.304	6.10	6.10	274.522	3.352	9.46	10.18	274.956	3.072	1.25	1.25
1+100	276.028	4.000	1.14	1.20	275.370	4.200	7.32	7.64	275.996	4.568	0.92	1.01
1+200	276.932	6.624	1.17	1.39	276.842	6.792	5.62	5.86	276.780	6.728	3.62	4.45
1+250	277.980	9.200	4.09	4.70	278.056	9.656	4.46	5.58	277.796	9.024	4.22	4.60

表 8-8　0 + 150、0 + 200 断面各种洪水标准下水深、水位、流速测试结果

测垂线位置	测试项目	0 + 150			0 + 200		
		$P = 2\%$	$P = 1\%$	$P = 0.1\%$	$P = 2\%$	$P = 1\%$	$P = 0.1\%$
左 2	水位(m)	288.814	288.970	290.806	288.292	288.612	289.396
	水深(m)	2.592	2.768	4.584	1.224	1.544	2.328
	平均流速(m/s)	2.97	3.18	1.99	3.64	3.78	4.75
	最大流速(m/s)	2.97	3.18	2.36	6.64	3.78	4.75
左 1	水位(m)	288.908	289.374	290.580	287.632	288.056	289.152
	水深(m)	5.328	5.792	7.00	5.032	5.456	6.552
	平均流速(m/s)	1.86	1.93	3.61	4.81	5.07	5.98
	最大流速(m/s)	1.93	2.00	4.16	5.16	5.26	6.15
中	水位(m)	289.100	289.334	290.244	287.864	288.336	289.400
	水深(m)	5.520	5.752	6.664	5.264	5.736	6.800
	平均流速(m/s)	2.17	2.53	4.27	4.95	5.14	6.49
	最大流速(m/s)	2.19	2.57	4.61	5.09	5.31	6.55
右 1	水位(m)	288.572	289.078	290.380	287.504	288.000	289.320
	水深(m)	4.992	5.496	6.800	4.904	5.400	6.720
	平均流速(m/s)	2.57	3.02	4.87	5.15	5.03	5.82
	最大流速(m/s)	2.64	3.12	5.20	5.56	5.36	5.90
右 2	水位(m)	288.310	288.766	290.600	288.372	288.556	289.116
	水深(m)	2.264	2.720	4.544	0.872	1.056	1.616
	平均流速(m/s)	4.21	4.65	4.27	3.75	3.98	5.35
	最大流速(m/s)	4.21	4.65	4.61	3.75	3.98	5.35

注:测垂线位置 0 + 150 断面左 2、左 1、右 1、右 2 离溢洪道中心距离分别为 39 m、11.5 m、11 m、47.5 m,0 + 200 断面左 2、左 1、右 1、右 2 离溢洪道中心距离分别为 40 m、10 m、11 m、50 m。

8.4.6　水流流态

溢流堰前:水流平稳,过堰水流均匀;溢流堰面:受中墩影响,坝面上出现人字形水流,但水流均匀;挑流坎收缩使两边挑坎处水深加大,形成两股较大的斜向挑射水流;冲坑后—0 + 200 处水流基本平稳;0 + 200 以后受河道地形影响(不规则),水流不均匀,在 0 + 300—0 + 600 出现折冲水流;0 + 600 以后河道断面收缩使水深加大,河道水位抬高;0 + 805 处漫过桥始终漫水;1 + 250 处交通桥在 50 年及 50 年以下洪水标准时水流平稳通过桥孔,但超过 50 年以上洪水标准时交通桥桥墩阻水,1 000 年一遇洪水标准时水流漫过桥顶。

8.4.7　挑距与冲坑

经测试,各种洪水标准泄流情况下,挑距和最大冲坑深见表 8-9。

表 8-9　挑距与最大冲坑深测试结果

洪水标准	挑距(m)			最大冲坑深(m)
	左	中	右	
$P = 10\%$	23.2	20.0	24.0	
$P = 5\%$	28.0	25.6	28.8	
$P = 2\%$	35.2	29.6	34.0	2.8
$P = 1\%$	36.0	30.4	38.4	2.9
$P = 0.1\%$	46.4	42.4	44.0	4.3

8.5　结论与建议

8.5.1　结论

仁河水库溢洪道工程设计经水工模型试验得出以下结论:

(1)溢洪道工程总体规划设计方案基本合理。

(2)溢流堰过流能力与设计相比较稍低,实测水库水位均高于设计计算值。10 年、20年、30 年、50 年、100 年、1 000 年、2 000 年一遇洪水标准泄流情况下,水库水位比设计计算值分别为高 0.14 m、0.11 m、0.37 m、0.12 m、0.19 m、0.20 m、0.30 m。

(3)溢流堰进水水流较好,水流平稳、均匀,溢流堰面水流基本均匀。

(4)各种洪水标准泄流情况下,水流挑射距离均小于设计计算值,且相差较大。

(5)挑流坎边墙收缩后,挑流坎两边挑射水流偏向河道中心,对冲坑边墙稳定有利,且能对挑流坎下水流补气,效果较好。

(6)受冲坑后原河道地形条件影响,各种标准洪水泄流时,该段河道水流不均匀,0 +300 ~ 0 + 600 出现折冲水流,0 + 600 以后河道断面收缩使水深加大,河道水位抬高。河道内流速分布不均匀,主河槽流速较大,将对河道造成冲刷。

(7)0 + 700 以后由于河道较窄,溢洪道泄洪时河道水位较高,危及河道两岸安全。

(8)1 + 250 处交通桥可安全通过 50 年一遇洪水标准泄洪,通过 100 年一遇洪水时,应对该桥进行加固处理。

8.5.2　建议

根据模型试验成果,对仁河水库除险加固工程溢洪道设计提出以下修改意见:

(1)各种洪水标准泄流时,实测水库水位均高于设计计算值,建议对水库安全重新进行校核,并重新进行调洪验算。

(2)挑流坎水流挑射距离与设计计算值差别较大,建议挑流坎后护坦长度缩短至 20m 左右。

(3)0 + 700 以后由于河道较窄,溢洪道泄洪时河道水位较高,危及河道两岸安全,建议对该段河道进行整治。

下　篇　试验分析

第 9 章　无坎平底溢洪闸综合流量系数

　　水库枢纽工程设计中,大坝坝顶高程的确定是一项重要的工作。水库的坝顶高程,是依据工程设计和校核洪水标准,通过水库调洪验算确定的水库设计洪水位和校核洪水位,再加上波浪爬高和安全超高确定的。而水库设计洪水位和校核洪水位与溢洪道起调水位、溢洪闸过流能力有关。

　　溢洪道控制段大都为无坎、平底宽顶堰,自由泄流情况下过流能力一般按宽顶堰计算。本章利用水库溢洪道水工模型试验结果,对宽顶堰流量系数的特点进行了分析,提出了常见溢洪闸(无坎平底宽顶堰)综合流量系数的计算方法,供参考。

9.1　现行溢洪闸过流能力计算方法分析

9.1.1　现行溢洪闸过流能力计算方法

　　在溢洪道规划设计中,溢洪闸的过流能力计算一般按宽顶堰计算,计算公式为

$$Q = \sigma_s \varepsilon m n b \sqrt{2g} H_0^{3/2} \tag{9-1}$$

式中　Q——过闸流量;

　　　σ_s——淹没系数;

　　　ε——侧收缩系数;

　　　m——自由溢流的流量系数;

　　　n——溢洪闸孔数;

　　　b——每孔净宽;

　　　H_0——包括流速水头在内的堰上水深。

　　式(9-1)的关键在于流量系数 m 的确定。

　　对有底坎宽顶堰堰顶入口为直角的宽顶堰

$$m = 0.32 + 0.01 \times \frac{3 - \dfrac{P}{H}}{0.46 + 0.75\dfrac{P}{H}} \tag{9-2}$$

对堰顶入口为圆角的宽顶堰

$$m = 0.36 + 0.01 \times \frac{3 - \dfrac{P}{H}}{1.2 + 1.5\dfrac{P}{H}} \tag{9-3}$$

式(9-2)、式(9-3)中,P 为堰高,H 为堰上水深。

　　侧收缩系数按式(9-4)计算

$$\varepsilon = 1 - \frac{\alpha_0}{\sqrt[3]{0.2 + \dfrac{P}{H}}} \sqrt[4]{\frac{b}{B}}\left(1 - \frac{b}{B}\right) \tag{9-4}$$

式中　α_0——考虑墩头及堰入口的形状系数;

　　　　B——上游进水渠宽度;

　　　　b——堰净宽。

　　由于大多溢洪道的溢洪闸为平底宽顶堰,因此流量计算中一般不单独考虑侧向收缩的影响,而是把它包含在流量系数中综合考虑。另外,因溢洪闸后一般紧接陡坡,其水流不形成淹没,为自由泄流,因此流量计算公式为

$$Q = m'nb\sqrt{2g}H_0^{3/2} \tag{9-5}$$

式中　m'——溢洪闸综合流量系数。

　　对平底溢洪闸的综合流量系数,吴持恭(2009)给出了不同进口翼墙形式及平面收缩程度的溢洪闸综合流量系数表。

　　对宽顶堰流量系数,《溢洪道设计规范》(SL 253—2000)则给出了不同底坎形式的流量系数,侧收缩系数按式(9-6)计算

$$\varepsilon = 1 - 0.2[\xi_k + (n - 1)\xi_0]\frac{H_0}{nb} \tag{9-6}$$

式中　ξ_0——中墩形状系数;

　　　　ξ_k——边墩形状系数。

　　杨健(2009)通过对陕西汉江旬阳水电站冲沙闸的单体水工模型试验分析研究,得到综合流量系数 m' 为 0.298~0.329。

9.1.2　现行计算方法存在的问题

　　溢洪闸过流能力计算的关键在于流量系数和侧收缩系数,式(9-1)~式(9-4)流量系数计算公式仅适用于有坎宽顶堰。

　　对于无坎宽顶堰,吴持恭(2009)给出的宽顶堰综合流量系数仅与进水渠宽度与溢洪闸净宽的比值有关。《溢洪道设计规范》(SL 253—2000)给出的流量系数在无坎情况下($P/H = 0$)均为 0.385,由式(9-6)计算侧收缩系数,在闸墩形状一定情况下堰上水深越大侧收缩系数越小,即综合流量系数($m\varepsilon$)越小。

　　根据水力学堰流理论,宽顶堰流的条件为:$2.5 < \delta/H < 10$,而当 $0.67 < \delta/H < 2.5$ 时即为实用堰。可见,在堰宽 δ 相同的条件下,堰上水深增加到一定程度,宽顶堰流即变为

实用堰流,而实用堰的流量系数比宽顶堰要大。

从上述分析看到,现行平底宽顶堰流量系数确定方法存在明显的不足,即流量系数计算没有考虑堰上水深,有的文献虽然在侧收缩系数中考虑水深,但其综合流量系数($m\varepsilon$)得到的结果却与实际情况相反,这一点可从本书试验结果得到证明;单长河(2008)根据现有无坎宽顶堰流量系数表,利用回归方法提出了经验公式,但仍未考虑堰上水深。

9.2　试验成果与分析

9.2.1　试验成果

结合作者进行的水库溢洪道水工模型试验,按照以下条件选择试验数据:一是溢洪闸为平底;二是闸前铺盖宽度与闸室宽度相同,且翼墙直立;三是溢洪闸为自由出流,且符合宽顶堰流条件($\delta/H < 10$)。模型试验中符合上述条件的无坎溢洪闸共 10 座水库,其模型试验实测水库水位—溢洪闸泄量共 151 组数据,利用式(9-5)计算溢洪闸综合流量系数,结果见图 9-1、表 9-1。

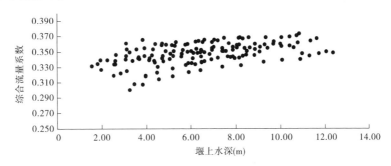

图 9-1　实测溢洪闸堰上水深—综合流量系数关系

表 9-1 中溢洪闸堰上水深 = 水库水位 - 堰顶高程,之所以选择水库水位而不选择闸前水位,是基于在水库调洪验算中所用水位为水库水位。

9.2.2　试验成果分析

分析表 9-1 中 151 组溢洪闸综合流量系数实测数据,得到以下结论:

(1)溢洪道无坎溢洪闸在宽顶堰流情况下,溢洪闸综合流量系数为 0.3 ~ 0.373。综合流量系数频数统计见表 9-2,频数分布直方图见图 9-2。

由表 9-2 知,平底溢洪闸综合流量系数大部分集中在 0.33 ~ 0.37,在实测的 151 组数据中占 88.75%。

(2)溢洪闸综合流量系数与堰上水深有关,一般规律为,堰上水深越大,综合流量系数越大,该规律在单个水库的实测数据中更为明显。

表9-1　无坎平底溢洪闸综合流量系数测试结果

水库	堰上水深(m)	流量系数	水库	堰上水深(m)	流量系数	水库	堰上水深(m)	流量系数
黄前水库。进水渠长24.4 m,边墙直立。闸室长16 m、总宽83.4 m,7孔,每孔净宽10 m,中墩墩头为流线型	1.945	0.339 0	龙泉水库。进水渠长47.6 m,梯形断面。闸室长14.6 m、总宽43.9 m,4孔,每孔净宽10 m,中墩墩头为流线型	1.540	0.330 9	尚庄炉水库。进水渠长32 m,直立圆弧翼墙。闸室长14.4 m、总宽31.6 m,4孔,每孔净宽7 m,中墩墩头为流线型	2.530	0.318 9
	3.255	0.348 9		1.810	0.333 9		3.390	0.338 1
	4.270	0.345 2		2.260	0.339 1		3.915	0.344 3
	5.250	0.350 3		2.640	0.346 2		4.395	0.335 9
	5.865	0.349 4		3.120	0.352 5		4.765	0.344 1
	6.485	0.351 3		3.560	0.353 1		5.210	0.344 2
	6.955	0.352 4		3.920	0.354 3		5.610	0.346 7
	7.425	0.350 7		4.420	0.359 7		6.010	0.350 4
	7.870	0.351 9		4.700	0.358 0		6.470	0.351 8
	8.470	0.345 6		5.290	0.357 8		7.035	0.356 2
	8.630	0.355 1		4.900	0.359 2		7.690	0.360 4
	9.105	0.356 1		5.350	0.361 9		8.055	0.358 1
	9.310	0.358 8		5.750	0.359 2		8.140	0.367 2
	9.705	0.362 7		5.860	0.359 5	昌里水库。进水渠长25.9 m,溢洪闸长20.4 m,宽33.6 m,共3孔,每孔净宽10 m,中墩厚1.8 m,上、下游墩头均为半圆形	2.545	0.333 4
	10.005	0.359 9		6.350	0.363 5		3.105	0.344 2
会宝岭水库。进水渠底宽55.6 m,长210 m梯形断面,边坡1:1。闸室长14 m、总宽55.6 m,5孔,每孔净宽10 m,中墩墩头为流线型	4.365	0.338 4		6.530	0.362 4		3.670	0.342 9
	5.050	0.340 2		6.950	0.361 8		4.310	0.353 0
	5.585	0.343 2		7.040	0.365 2		4.880	0.350 7
	6.090	0.341 1	牟山水库。进水渠长25 m,边墙直立。闸室长18 m、总宽118 m,10孔,每孔净宽10 m,中墩墩头为流线型	3.264	0.300 4		5.650	0.351 9
	6.300	0.348 5		3.840	0.307 6		6.255	0.353 6
	6.445	0.343 9		4.576	0.314 4		6.950	0.354 3
	6.600	0.349 0		5.184	0.317 7		7.410	0.354 3
	6.845	0.346 4		5.912	0.323 8		8.155	0.358 7
	7.475	0.350 7		6.440	0.326 0		8.855	0.359 6
	7.875	0.355 7		7.408	0.330 3		8.870	0.353 2
	8.065	0.355 0		8.232	0.331 7		9.435	0.354 3
	8.400	0.354 2		9.256	0.336 6		9.675	0.360 1
坤龙邢水库。进水渠长222.8 m,梯形断面。闸室长16 m、总宽35.6 m,4孔,每孔净宽8 m,中墩墩头为流线型	3.460	0.308 3		10.072	0.338 6		10.770	0.361 0
	3.980	0.319 1		10.880	0.339 4		11.335	0.363 8
	4.490	0.322 7		10.944	0.347 6		11.635	0.366 5
	5.195	0.327 8		11.280	0.344 7	小仕阳水库。进水渠长25.9 m,边墙直立,闸室总长15 m,闸室共5孔,每孔净宽10.0 m,中墩宽1.5 m,总宽56 m	2.848	0.321 6
	5.785	0.332 7		11.736	0.347 3		3.128	0.324 7
	6.050	0.335 0		12.064	0.349 6		3.704	0.340 1
	6.190	0.333 8		12.376	0.348 4		3.984	0.317 7
	6.480	0.336 1	唐村水库。进水渠长120 m,梯形断面。闸室长18 m、总宽32.8 m,3孔,每孔净宽10 m,中墩墩头为流线型	3.090	0.360 4		4.128	0.338 8
	6.620	0.337 7		3.860	0.365 4		4.528	0.330 1
	7.195	0.342 0		4.720	0.360 5		4.728	0.341 3
	7.650	0.343 2		5.175	0.358 2		5.888	0.334 9
	7.885	0.343 2		6.220	0.363 1		6.496	0.336 7
	8.325	0.344 4		6.605	0.365 5		6.928	0.339 6
红旗水库。进水渠长38.5 m,边墙直立。闸室长18.5 m、总宽27.5 m,4孔,每孔净宽6 m,中墩墩头为流线型	1.965	0.326 3		7.195	0.364 8		7.768	0.342 7
	2.600	0.333 4		7.500	0.367 3		7.952	0.341 0
	2.615	0.338 3		8.190	0.368 5		8.152	0.342 2
	3.075	0.339 5		8.320	0.366 4		8.496	0.350 3
	3.635	0.340 9		8.570	0.368 2		8.840	0.345 1
	4.160	0.341 2		9.340	0.368 5		9.056	0.349 9
	4.780	0.337 5		10.050	0.368 4		10.056	0.356 9
	5.080	0.347 3		10.415	0.369 4		10.408	0.357 4
	5.615	0.347 6		10.715	0.370 9		10.592	0.355 0
	6.125	0.347 9		10.835	0.373 2			
	6.435	0.348 6						
	7.580	0.350 8						

表 9-2　综合流量系数频数统计

范围	频数	频率(%)	累计频率(%)
0.3 ~ 0.31	3	1.99	1.99
0.31 ~ 0.32	5	3.31	5.30
0.32 ~ 0.33	7	4.63	9.93
0.33 ~ 0.34	25	16.56	26.49
0.34 ~ 0.35	40	26.49	52.98
0.35 ~ 0.36	40	26.49	79.47
0.36 ~ 0.37	29	19.21	98.68
0.37 ~ 0.38	2	1.32	100.00
合计	151	100.00	

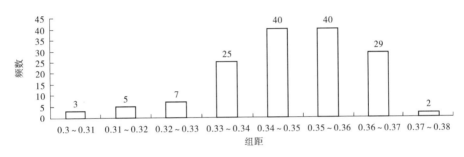

图 9-2　实测溢洪闸综合流量系数频数分布直方图

另外,夏毓常(1999)对丹江口水库溢流坝及丹江口第二围堰(宽顶堰)原型、模型流量系列资料的分析,郭福厚(2006)应用三次多项式拟合出石门子站堰流流量系数,得出该站应用水工建筑物法推流的公式,高玉芹(2007)依据安徽省巢湖闸扩孔前后淹没堰流的实测流量资料,分析扩孔前后淹没堰流流量系数的变化,也得出了相同的结论,即溢流堰流量系数随堰上水头的增加而增大。

9.3　溢洪闸综合流量系数确定方法

从上述分析看到,平底溢洪闸综合流量系数与堰上水深有关,根据堰流理论,堰流水流流态与堰宽及堰上水深的比值(δ/H)有关,依据 δ/H 把堰分为薄壁堰、实用堰和宽顶堰。因此,将表 9-1 中的堰上水深实测数据转换为堰上水深与堰宽的比值(H/δ),并与综合流量系数进行比较,如图 9-3 所示。

由图 9-3 可见,溢洪闸综合流量系数随 H/δ 的增大而增大,其关系基本与图 9-1 相同。

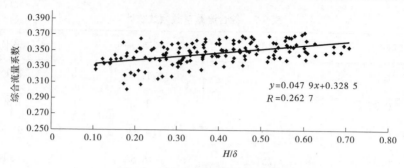

图 9-3　综合流量系数与 H/δ 关系

由表 9-1 实测溢洪闸综合流量系数,以 H/δ 为参数,对 151 组数据进行回归分析,得到溢洪道平底溢洪闸综合流量系数与 H/δ 的相关关系为

$$m = 0.328\ 5 + 0.047\ 9\ \frac{H}{\delta} \tag{9-7}$$

式中　m——溢洪闸综合流量系数;

　　　　H——由水库水位起算的溢洪闸堰上水深,m;

　　　　δ——溢洪闸闸室长,m。

根据相关系数显著性检验表,观测数据组数在 100、相关水平 $\alpha = 0.01$ 情况下 $R_{0.01} = 0.254$。经计算,式(9-7)的相关系数 $R_0 = 0.51$,$R_0 > R_{0.01}$ 为显著相关,可认为 m 与 H/δ 之间的线性关系密切。因此,可用式(9-7)计算平底溢洪闸综合流量系数。但应注意式(9-7)的适用条件为 $0.1 < H/\delta$,即符合宽顶堰条件。对小型工程或中型工程的可行性研究阶段,平底溢洪闸综合流量系数也可近似按 0.33 ~ 0.37 取值。

在溢洪道工程设计中,溢洪闸前铺盖与闸室同宽、底高程相同,即平底溢洪闸是常见的工程布置形式,因此本书提出的综合流量系数确定方法,具有实用参考价值。但由于本书的试验数据均为溢洪闸在自由泄流(非淹没)情况下取得的,因此综合流量系数计算公式式(9-7)不适用于溢洪闸淹没出流情况。另外,式(9-7)中的 H 为根据水库水位计算的堰上水深。

第 10 章　溢洪道水面线推求控制断面水深的确定

10.1　问题的提出

在溢洪道工程设计中,需要推求设计和校核洪水标准情况下溢洪道的水面线,以确定闸室后溢洪道边墙高度或护砌高度。而在进行水面线计算时,必须先由水深为已知而且位置确定的断面为计算的起始断面,这个断面称为控制断面。然后,以控制断面为起点进行分析和计算。根据溢洪道的工程设计情况,一般溢洪道由进水渠、控制段(闸室)、护坦、泄槽段、消能段和出水渠组成。由于溢洪道泄槽段一般为陡坡,因此计算水面线的控制断面一般选择在护坦与泄槽连接处,在没有护坦情况下,控制断面选择在闸室与泄槽连接处。根据溢洪道水面线的分析,对控制断面的水深,传统的做法是假定此处的水深为临界水深。

作者通过大量的溢洪道水工模型试验发现,在溢洪道工程设计中,大部分工程溢洪道泄槽段设计水面线与模型试验得到的水面线相差较大,即模型试验水深低于设计计算值,从而导致溢洪道泄槽段边墙高度设计偏高,出现浪费现象。分析其原因,主要是控制断面的水深假定为临界水深,而模型试验表明,控制断面的水深大都小于临界水深。因此,本章根据多个工程模型试验的结果,分析确定了溢洪道在控制泄流和自由泄流两种情况下控制断面水深的计算方法,供溢洪道设计水面推求时参考。

10.2　溢洪道闸后控制断面水深分析

根据溢洪道过闸水流情况,分以下两种情况。

10.2.1　控制泄流情况

控制泄流情况控制断面上、下游水面线如图 10-1 所示。

由图 10-1 根据平坡段长度,控制断面水深可能出现以下两种情况。

情况一:平坡段足够长。若平坡段足够长,当闸门开启高度 $e < h_k$ 时,则出闸水流呈急流状态。闸后在收缩断面 c—c 后形成 c_0 型水面曲线,并发生水跃,水跃后形成 b_0 型降水曲线,至控制断面处水深降为临界水深。

情况二:平坡段较短。若平坡段较短,c_0 型水面线在尚未升高至临界水深时,水流已达到平坡段的末端,此时控制断面的水深小于临界水深。

10.2.2　自由泄流情况

自由泄流情况下控制断面上、下游水面线如图 10-2 所示。

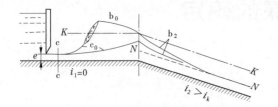

图 10-1　控制泄流情况控制断面　　　　图 10-2　自由泄流情况下控制断面
上、下游水面线　　　　　　　　　上、下游水面线

当平坡段较长时,平坡段发生 b_0 型水面线,至控制断面水深下降为临界水深。

上述分析说明,只有在溢洪道平坡段长度足够长时,控制断面才能发生临界水深。而常规溢洪道工程设计中平坡段(闸室段或护坦段)一般均较短(闸室段小于 20 m,护坦 10 m 左右),因此控制断面一般不发生临界水深。

10.3　溢洪道闸后控制断面水深模型试验与分析

10.3.1　模型试验结果

根据溢洪道工程情况和分析的要求,从作者所做的水工模型试验中选择 16 个溢洪道控制断面实测水深如表 10-1 所示。

10.3.2　试验结果分析

10.3.2.1　试验情况

表 10-1 中控制断面分两种情况,即护坦与泄槽连接处(共 5 座水库 16 个测试结果)、闸室与泄槽连接处(共 11 座水库 33 个测试结果);溢洪道泄流分两种情况,即控制泄流、自由泄流。因此,测试情况包括了溢洪道工程所有可能情况,试验情况具有一定的代表性。

10.3.2.2　试验结果分析

为了进行比较,各控制断面在不同泄流情况下的临界水深计算值列入表 10-1 中。由表 10-1 得出以下结论:

(1)控制断面实测水深均小于临界水深。

(2)控制断面实测水深与临界水深的比值(h/h_k)为 0.428 ~ 0.983,其中控制泄流情况下为 0.428 ~ 0.835,小于自由泄流情况下的 0.609 ~ 0.983。

因此,在常规溢洪道工程设计和出流情况下,溢洪道控制断面实测水深均达不到临界水深。工程设计中按照控制断面临界水深值推求溢洪道水面线,并以此确定边墙高度或护砌高度,必然会造成边墙高度或护砌高度过高,是不经济的。

表 10-1 溢洪道控制断面水深测试结果

序号	工程名称	基本情况	泄槽(矩形) 宽(m)	泄槽(矩形) 底坡	设计流量 洪水标准	设计流量 流量(m³/s)	单宽流量 (m³/(m·s))	控制断面测试平均水深 断面位置	控制断面测试平均水深 水深(m)	控制断面计算临界水深(m)	h/h_k	泄流状态
1	高崖水库	闸室长20 m,净宽40 m,后接20 m长护坦	44.5	0.02	2%	1 503	33.78	护坦与泄槽连接处	3.017	4.883	0.618	控泄
2					1%	1 616	36.31		3.489	5.124	0.681	控泄
3					0.05%	2 598	58.38		4.793	7.033	0.681	自由
4					0.01%	2 773	62.31		5.007	7.344	0.682	自由
5	红旗水库	闸室长18.5 m,净宽24 m,后接8.7 m长护坦	27.5	0.04	1%	349	12.69	护坦与泄槽连接处	1.437	2.542	0.565	控泄
6					0.10%	571	20.76		2.390	3.530	0.805	控泄
7	坤龙邢水库	闸室长16 m,净宽32 m,后接20 m长护坦	35.6	0.01	5%	587	16.49	护坦与泄槽连接处	1.673	3.027	0.553	控泄
8					3.30%	706.3	19.83		2.148	3.425	0.627	自由
9					1%	785.4	22.06		2.328	3.676	0.633	自由
10					0.05%	1 028.8	28.9		2.682	4.401	0.609	自由
11	跋山水库	闸室长17 m,净宽160 m,后接10 m长护坦	184.1	0.01	2%	3 120	16.94	护坦与泄槽连接处	1.848	3.083	0.599	控泄
12					1%	6 724	36.52		3.928	5.144	0.763	自由
13					0.01%	13 166	71.52		6.184	8.051	0.768	自由
14	龙泉水库	闸室长14.6 m,净宽40 m,后接26.5 m长护坦	43.9	0.122	5%	444	10.11	护坦与泄槽连接处	1.393	2.185	0.637	控泄
15					2%	771.5	17.57		2.827	3.159	0.894	自由
16					0.10%	1 070.7	24.39		3.125	3.930	0.795	自由
17	黄前水库	闸室长16 m,净宽70 m,后接泄槽	83.4	0.05	2%	1 500	17.99	闸室与泄槽连接处	2.412	3.208	0.752	控泄
18					1%	2 640	31.65		4.070	4.676	0.870	自由
19					0.05%	3 530	42.32		5.363	5.675	0.945	自由
20	唐村水库	闸室长18 m,净宽30 m,后接泄槽	32.8	0.033	1%	1 168	35.61	闸室与泄槽连接处	4.407	5.058	0.871	自由
21					0.02%	1 728	52.68		6.040	6.567	0.920	自由
22	尹府水库	闸室长15 m,净宽20 m,后接泄槽	21.4	0.067	2%	528	24.67	闸室与泄槽连接处	3.790	3.960	0.957	自由
23					1%	558	26.07		3.886	4.109	0.945	自由
24					0.02%	727	33.97		4.675	4.901	0.953	自由
25	会宝岭水库	闸室长14 m,净宽50 m,后接泄槽	55.6	0.01	2%	1 220	21.94	闸室与泄槽连接处	3.568	3.662	0.974	自由
26					1%	1 310	23.56		3.775	3.841	0.983	自由

续表 10-1

序号	工程名称	基本情况	泄槽（矩形）宽(m)	底坡	洪水标准	设计流量 流量(m³/s)	单宽流量(m³/(m·s))	控制断面测试平均水深 断面位置	水深(m)	控制断面计算临界水深(m)	h/hₖ	泄流状态
27	东周水库	闸室长23.2 m,净宽40 m,后接泄槽	46	0.05	2%	800	17.39	闸室与泄槽连接处	1.415	3.137	0.451	控泄
28					1%	1 100	23.91		1.845	3.878	0.475	控泄
29					0.1%	2 485	64.02		5.125	6.678	0.767	自由
30	牟山水库	闸室长18 m,净宽100 m,后接泄槽	118	0.1	2%	1 600	13.56	闸室与泄槽连接处	1.480	2.657	0.557	控泄
31					1%	3 930	33.33		4.019	4.837	0.831	自由
32					0.02%	5 904	50.03		6.016	6.345	0.948	自由
33	萌山水库	闸室长12.5 m,净宽36 m,后接泄槽	36	0.01	2%	635	17.63	闸室与泄槽连接处	2.625	3.166	0.829	自由
34					1%	796	22.11		2.920	3.681	0.793	自由
35					0.1%	1 141	31.69		3.640	4.680	0.778	自由
36	昌里水库	闸室长20.4 m,净宽30.0 m,后接泄槽	33.6	0.025	5%	300	8.93	闸室与泄槽连接处	0.950	2.011	0.472	控泄
37					3%	1 239.2	36.88		3.560	5.177	0.688	自由
38					1%	1 363.7	40.59		3.870	5.519	0.701	自由
39					0.1%	1 843.8	54.88		4.980	6.748	0.738	自由
40	雪野水库	闸室长17.5 m,净宽72 m,后接泄槽	82.5	0.007	5%	600	7.27	闸室与泄槽连接处	0.750	1.754	0.428	控泄
41					2%	2 497	30.27		3.900	4.538	0.859	自由
42					1%	2 567	31.12		4.130	4.623	0.893	自由
43					0.05%	3 312	40.15		4.860	5.479	0.887	自由
44					0.02%	3 589	43.50		5.540	5.780	0.958	自由
45	尚庄炉水库	闸室长14.4 m,净宽28 m,后接泄槽	31.6	0.08	5%	500	15.82	闸室与泄槽连接处	2.460	2.945	0.835	控泄
46					1%	657.36	20.80		2.920	3.535	0.826	自由
47					0.10%	936.56	29.64		3.770	4.475	0.842	自由
48	直界水库	闸室长13.3 m,净宽20 m,后接泄槽	23.0	0.009	2%	130	5.65	闸室与泄槽连接处	1.120	1.483	0.755	控泄
49					0.10%	321.6	13.98		2.600	2.712	0.959	自由

10.4　溢洪道控制断面水深的确定方法

根据表 10-1 模型试验控制断面水深的实测结果,利用回归分析方法,得到控制断面水深的经验公式。

10.4.1　控制泄流情况

由表 10-1,对控制泄流 15 组测试数据,作出测试水深与单宽流量、测试水深与计算临界水深关系如图 10-3、图 10-4 所示。

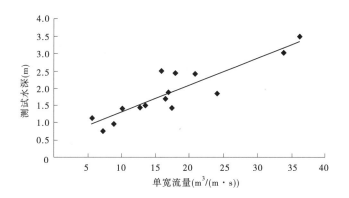

图 10-3　控制泄流情况下单宽流量与测试水深关系

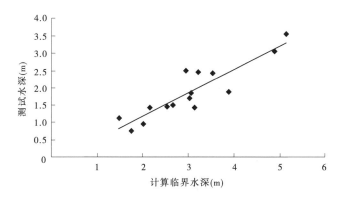

图 10-4　控制泄流情况下计算临界水深与测试水深关系

从图 10-3、图 10-4 中可以看到,在控制泄流情况下,测试水深与单宽流量、临界水深具有一定的相关关系。利用回归分析方法建立测试水深—临界水深、测试水深—单宽流量的回归方程如下。

(1)测试水深(h)—单宽流量(q)关系

$$h = 0.078\,7q + 0.424\,9 \quad (相关系数为 0.90) \tag{10-1}$$

式中　h——控制断面测试水深,m;

　　　q——控制断面单宽流量,$m^3/(m \cdot s)$。

（2）测试水深（h）—计算临界水深（h_k）关系

$$h = 0.669\,6h_k - 0.183\,4 \quad （相关系数为 0.90）\tag{10-2}$$

式中：h 为控制断面测试水深，m；h_k 为控制断面下游临界水深，m。

（3）相关关系的检验。根据相关分析理论，当统计数据个数 $n = 15$，相关水平 $\alpha = 0.01$ 时，要求相关系数大于 $R_{0.01} = 0.641$ 才能说明统计数据之间具有相关性。上述两个回归方程的相关系数均大于 0.641，因此所建立的相关关系显著，可用来描述测试水深与单宽流量、临界水深之间的关系。式（10-1）、式（10-2）即为控制泄流情况下溢洪道控制断面水深计算的经验公式，根据该经验公式可计算在已知临界水深或单宽流量情况下溢洪道控制断面的水深值。

10.4.2　自由泄流情况

由表 10-1，对自由泄流 24 组测试数据，作出测试水深与单宽流量、测试水深与计算临界水深关系如图 10-5、图 10-6 所示。

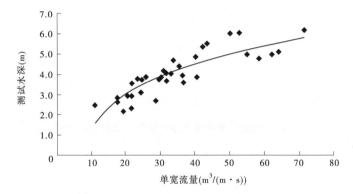

图 10-5　自由泄流情况下单宽流量与测试水深关系

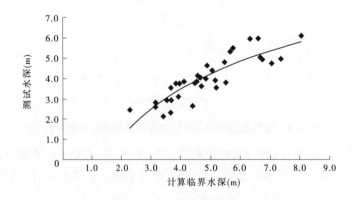

图 10-6　自由泄流情况下计算临界水深与测试水深关系

从图 10-5、图 10-6 中可以看到，在自由泄流情况下，测试水深与单宽流量、临界水深具有一定的相关关系。利用回归分析方法建立测试水深—临界水深、测试水深—单宽流量的相关关系如下。

（1）测试水深（h）—单宽流量（q）关系

$$h = 2.238\ 7\ln q - 3.742\ 3 \quad （相关系数为 0.87）\qquad(10\text{-}3)$$

式中　h——控制断面测试水深，m；

　　　q——控制断面单宽流量，$m^3/(m \cdot s)$。

（2）测试水深（h）—临界水深（h_k）关系

$$h = 3.429\ 6\ln h_k - 1.287\ 4 \quad （相关系数为 0.87）\qquad(10\text{-}4)$$

式中　h——控制断面测试水深，m；

　　　h_k——控制断面下游临界水深，m。

（3）相关关系的检验。根据相关分析理论，当统计数据个数 $n = 34$，相关水平 $\alpha = 0.01$ 时，要求相关系数大于 $R_{0.01} = 0.449$ 才能说明统计数据之间具有相关性。上述两个回归方程的相关系数均大于 0.449，因此所建立的相关关系显著，可用来描述测试水深与临界水深、单宽流量之间的关系，式（10-3）、式（10-4）即为自由泄流情况下溢洪道控制断面水深计算的经验公式，根据该经验公式可计算在已知临界水深或单宽流量情况下溢洪道控制断面的水深值。

本章通过溢洪道模型试验结果，利用统计分析的方法，提出了溢洪道水面线推求控制断面水深的经验公式。在中小型工程或大型工程的可行性研究阶段，可直接采用本书的方法确定控制断面水深，进而推求溢洪道水面线，确定边墙或护砌高度，从而避免了按照控制断面发生临界水深，使设计边墙过高，造成浪费的现象。但对大型工程在初步设计阶段，最好通过水工模型试验加以验证。

第 11 章　泄槽弯道段设置导流墙设计

11.1　弯道水流的调整措施

11.1.1　研究现状

改善弯道水流,主要涉及降低水面横比降、减少表流冲击波、消能等内容。具体措施有很多,大多数都是根据具体的工程需要,结合自身的特点,提出了多种形式的改善措施。目前的研究成果如下:

(1)渠底横向坡法。渠底横向坡法是渠底从弯道起点开始沿外边墙逐渐抬高至最大高度处又逐渐降低至与下游渠道底平顺相接,以避免其不连续性,影响流态的剧烈变化。由于最大抬高是一个固定数值,因此它只能适应一种流量和水深的要求,小流量时水流集中在内壁的底部,而且渠道坡降不够陡峻时,在下游过渡段内沿内壁还可能发生反坡降。同时,在曲率半径较小的急流弯道内,只采取横向底坡的措施,还不能完全消除波的干扰。

(2)复曲线法。用复曲线的边壁产生反扰动,干扰消减弯道冲击波,它既可以适用于设计流量,也可以适用于其他流量。应用复曲线法可以很好地消除干扰波,但是,试验表明弯道内的水面超高仍然存在,而且较大,对于已建工程,不允许在弯道前后再加设复曲线段。

(3)弯曲导流板法。对于一个给定的水深、流速和弯道曲率半径,最大的水面超高与渠宽成正比。因此,如果将一个给定的弯曲渠道用许多同圆心的铅垂弯曲导流板分成一系列较狭窄的通道,则渠道内的水面超高将相应地减低。此外,在导流板下游的渠道内的扰动也将很快地消失。

(4)渠底横向扇形抬高法。通过渠底横向扇形抬高来平衡弯道急流的离心力作用,使水流沿横断面的水深逐渐得到调整,流速逐渐改变方向。这样可以使水流在断面上的能量被扇形抬高部分位能不断调整平衡,达到各断面水深与流速分布均匀。

(5)斜底槛法。斜底槛法是利用干扰处理法的原理来消减冲击波所造成的水流扰动。它的作用是使渠道底层的水流改变方向,再由动量交换的机械作用很快地平均传到整个横断面上去。

(6)其他方法。除以上介绍的方法外,还有螺旋线法、缓冲消力塘法、局部抬高渠底法、消波墩、曲线型隔墩、人工加粗糙及复合曲线和渠底横向坡综合布置等方法都可以用来控制弯道急流,消减冲击波,改善弯道段水流流态。

11.1.2　溢洪道泄槽弯道段传统的工程措施

溢洪道是水库枢纽工程的重要组成部分,一般包括进水段、控制段、泄槽段、消能段和出水段。泄槽段是控制段(堰或闸)与消能防冲设施段的连接部分,其工作特点是落差大、纵坡陡、水流呈急流状态。因此,在平面布置时,要求泄槽尽量顺直、等宽和对称,以避免和减少水流冲击波对水流的扰动。

但在实际工程中,由于受地形、地质等方面的限制,往往需要在泄槽段设置弯道,由于急流弯道的环流特性,急流通过弯道时,水流流态将恶化。弯道水流不仅因受离心力作用使弯道凹侧水深加大、凸侧水深减小,造成泄槽内横断面内流量分布不均,而且由于边墙的改向,在弯道内会产生横向冲击波,使弯道水流更加紊乱,这不仅需要增加边墙的高度,还会给泄槽下游消能带来不利的影响。

为了降低弯道水流所引起的水面增高,调整泄槽内横断面上的流量不均匀分布,减少冲击波对水流的扰动影响,传统的工程措施为:一是弯道段一般采用圆弧曲线,弯道轴线半径不小于槽宽的 6~10 倍;二是在弯道前、后设置缓和曲线段,使弯道转弯尽量平缓;三是在弯道段槽底设置横向坡,即在弯道段的横断面上,将凹侧槽底抬高,凸侧槽底降低,形成横向坡。抬高或降低值一般按式(11-1)计算:

$$\Delta h = k \frac{v^2 b}{gR} \qquad (11\text{-}1)$$

式中　Δh——弯道段最大横向水面差或泄槽底抬高(降低)值;

　　　k——超高系数,根据断面形式和弯道曲线连接形式确定,为 0.5~1.0;

　　　v——弯道段起始断面的平均流速;

　　　b——泄槽段水面宽度;

　　　g——重力加速度;

　　　R——弯道轴线半径。

由于泄槽为急流,流速较大,加之受地形条件的限制,弯道轴线半径一般难以满足 10 倍的槽内水面宽度的要求,因此按式(11-1)计算的槽底抬高值 Δh 较大。当弯道起始断面水流平均流速为 7.5 m/s,直线段水面宽为 50.0 m,弯道轴线半径为 100.0 m 时,Δh = 2.87 m,即弯道内外侧槽底相差 2.87 m。为了避免泄槽底的突变,工程实践中在弯道段槽底一般做成扇形横坡,从而使泄槽工程施工难度加大,工程量增加。

11.2　泄槽弯道段设置导流墙后水流改善

溢洪道泄槽弯道设置导流墙后,水流在水面横比降、水流冲击波等方面得到了极大的改善。

11.2.1　水面横比降

在弯道段水面横比降方面,弯道设置导流墙后,将泄槽分为内外两槽,在弯道进口处导流墙将槽内水流基本均匀地分给内外两槽,如图 11-1 所示。

在图 11-1 中,B、B_1 为沿溢洪道泄槽弯道中心轴线设置的导流墙,R_1 为弯道凸岸弯曲半径,R_2 为弯道凹岸弯曲半径,R_3 为弯道外槽中心轴线弯曲半径,$R_{中}$ 为弯道中心轴线弯曲半径。由式(11-1),不设置导流墙时,弯道水面超高为

$$\Delta h_1 = k \frac{v^2(R_2 - R_1)}{gR_中} \tag{11-2}$$

当设置导流墙后,弯道水面超高为

$$\Delta h_2 = k \frac{v^2(R_2 - R_中)}{gR_3} \tag{11-3}$$

因为 $R_3 > R_中$,$R_中 > R_1$,所以 $\Delta h_1 > \Delta h_2$,即弯道泄槽设置导流墙后水面超高降低,凹岸和凸岸的水面差得到了改善,水面横向比降降低,流速分布更为均匀。

11.2.2　冲击波削减

弯道中的急流除考虑其受重力和离心力的联合作用外,还必须考虑弯曲的边墙对水流的扰动而产生的冲击波,这种冲击波在自由表面上产生菱形交叉,使水面变化非常复杂。所以,弯道急流除具有缓流的水面扭曲和螺旋流外,还存在冲击波振荡,使水面波动十分激烈,如图 11-2 所示。

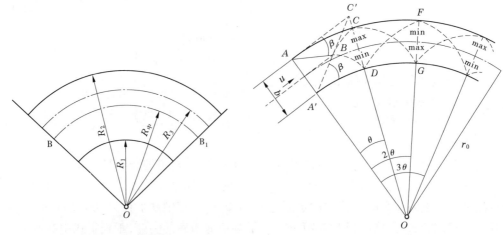

图 11-1　溢洪道弯道泄槽段设置　　　　　图 11-2　弯道中水流冲击波
　　　　导流墙示意图

如图 11-2 所示,在弯道开始处,由于外壁在 A 点开始弯曲,在该处产生了一个小的扰动,以波角 β 向外展,扰动线为 AB。同时,由于内壁在 A 点开始弯曲,也产生了一个初始扰动线 $A'B$。两扰动线在 B 点相交,在 ABA' 的上游水流不受扰动的影响,继续沿着来流方向运动。在 B 点以后 AB 和 $A'B$ 两扰动线互相影响,不再沿直线而是各自沿曲线 BD 和 BC 传播。在外壁一边因侧壁 AC 阻挡水流(否则水流将沿 A 点的切线方向前进),使水面沿程升高,直到 C 点升至最高。在 C 点以后,因受内壁负扰动波的影响,外壁水面又开始沿程降落,至 F 点降至最低。在内壁一边,因侧壁有离开水流的趋势,水面沿着 $A'D$ 逐渐降低,直至 D 点降至最低。过了 D 点以后,外壁正扰动波开始起影响,水面又逐渐沿程升高,至 G 点升至最高。扰动波就这样不断地反射、干扰,一直向下游传播。从图 11-2 可以清楚地看出,沿外壁当圆弧中心角等于 θ、3θ、5θ…处为水面的最高点,圆弧中心角等于 2θ、4θ…处为水面的最低点。沿内壁侧恰好相反。

在弯道段设置导流墙后水流冲击波流态特征和图 11-2 中流态特征相似,从图 11-2 可以看到,在弯道中间轴线段处沿 b 点设置导流墙,可以使干扰波发生的角度减小,高低水位发生变化次数增加。正负扰动波在凹岸和凸岸边墙间来回折射周期缩短,扰动波振荡振幅减小,菱形扰动很快消失,从而使弯道内的流态得到改善。

11.3　泄槽弯道段设置导流墙模型试验

为了避免在弯道段采用抬高和降低槽底带来的施工难度,山东省萌山水库和东周水库在除险加固工程设计中,溢洪道泄槽弯道均采用了沿泄槽弯道轴线设置导流墙的工程措施。通过模型试验验证了该工程措施的合理性。

11.3.1　萌山水库溢洪道模型试验

11.3.1.1　溢洪道工程概况

萌山水库溢洪道闸室段宽 43.5 m,闸后泄槽为矩形断面。闸后接 2.9 m 长的护坦,护坦后为轴线半径 100.0 m 的弯道,轴线长 70.5 m,弯道后为 264.0 m 的直段,直段后接消力池。为减小弯道水流的影响,避免泄槽弯道段左右岸边墙相差过大,采用至闸后沿弯道轴线设置高 3.0 m 的导流墙。溢洪道导流墙平面布置如图 11-3 所示。

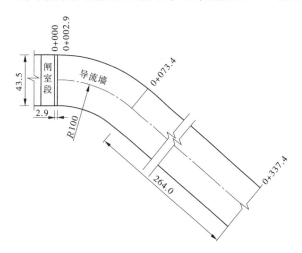

图 11-3　萌山水库溢洪道导流墙平面布置图　（单位:m）

11.3.1.2　模型试验成果

按照水工模型试验的要求,对该溢洪道工程进行了模型试验,水工模型 50 年一遇洪水(流量 635 m³/s)泄槽弯道段水深分布测试结果见表 11-1。(其余试验结果略)

11.3.1.3　试验结果分析

从表 11-1 看到,在弯道不设导流墙,在泄槽底横向无变化的情况下,0+053.4 断面左右岸水深相差最大为 2.77 m,而弯道设导流墙时,0+053.4 断面左右岸水深相差最大为 1.18 m,且在弯道末的直段 0+073.4 断面左右岸水深相差 0.87 m,由此可见,通过导流墙,弯道水流得到了较好的调整。

表 11-1　萌山水库溢洪道泄槽弯道段水深分布测试结果　　　（单位:m）

桩号	测试位置						
	有导流墙				无导流墙		
	左岸边	墙左	墙右	右岸边	左岸边	中	右岸边
0＋013.4	1.98	1.92	1.98	1.64	1.87	2.15	1.68
0＋033.4	2.48	1.39	2.95	1.52	2.91	2.20	1.44
0＋040.4	2.52	1.98	2.59	1.46	3.99	2.05	1.18
0＋053.4	2.84	2.11	3.03	1.66	3.65	3.29	0.88
0＋073.4	2.62	2.32	2.21	1.75	3.09	2.61	1.72

11.3.2　东周水库溢洪道模型试验

11.3.2.1　溢洪道工程概况

东周水库溢洪道闸室宽46.0 m,泄槽总长424.5 m,为矩形断面,分4段:第一段为直段,长80.0 m,底坡为0.005;第二段为圆弧段,长174.5 m,底坡为0.02,轴线中心半径188.0 m;第三段为直段,长110.0 m,底坡为0.02;第三段为直段,长60.0 m,底坡为0.05。泄槽弯道轴线设高2.5 m的混凝土导流墙,泄槽后接挑流消能。溢洪道导流墙平面布置如图11-4所示。

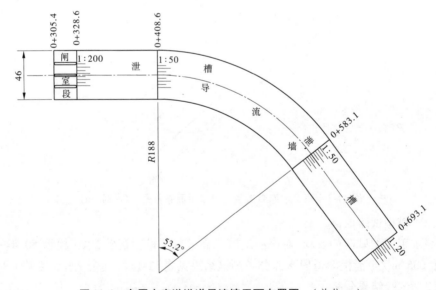

图 11-4　东周水库溢洪道导流墙平面布置图　（单位:m）

11.3.2.2　模型试验结果

泄槽弯道段50年一遇洪水(流量800 m³/s)水深分布测试结果见表11-2。(其余试验结果略)

表 11-2　东周水库溢洪道泄槽弯道段水深分布试验结果　　　　　　（单位:m）

桩号	测试位置				说明
	左岸边	墙左	墙右	右岸边	
0 + 408.6	1.40	1.83	1.74	1.44	弯道始
0 + 452.2	2.80	0.63	2.63	0.77	1/4 弯道
0 + 495.8	2.78	0.98	2.68	0.29	弯道中间
0 + 539.4	2.39	1.24	2.27	1.19	3/4 弯道
0 + 583.1	2.65	1.19	3.00	0.99	弯道末

11.3.2.3　结果分析

从表 11-2 可以看到,在弯道中部,左右岸水深相差最大,达到 2.49 m,但在弯道末端,左右岸水深得到了调整,相差 1.66 m。

11.3.3　弯道段设置导流墙的水流现象

两个模型试验的水流情况见图 11-5、图 11-6。从模型试验观测情况看,弯道段设置导流墙后,将泄槽分为内、外两槽。溢洪道泄流时,在弯道进口处导流墙将槽内水流基本均匀地分给内、外两槽,特别是当流量较小,槽内水流不漫过导流墙时,两槽内水流互不影响。受弯道的影响,内、外两槽的水流仍出现凹、凸侧水流不均匀的现象。但是导流墙对凹侧水流的导流和阻挡作用,使弯道水流的环流作用减弱,泄槽凹、凸侧水流不均匀的现象较无导流墙情况下减弱。

图 11-5　萌山水库溢洪道模型试验弯道水流情况　　图 11-6　东周水库溢洪道模型试验弯道水流情况

11.4　导流墙的设计

11.4.1　平面布置

导流墙的平面布置主要为导流墙位置、长度和起始位置。

导流墙一般布置在弯道轴线上,起始位置一般与弯道开始位置相同。导流墙的长度可等于或略大于弯道轴线长度。图 11-7 为建成后的东周水库溢洪道弯道设置导流墙情况。

图 11-7　东周水库溢洪道实景

11.4.2　导流墙的高度

导流墙高度对弯道水流调整有较大的影响。表 11-3 列出了东周水库溢洪道弯道段两种导流墙高度水深调整结果。从表 11-3 看到,3.0 m 高的导流墙溢洪道同一断面横向水面差比 2.5 m 高的导流墙少,说明导流墙高度高比导流墙高度低水流调整效果好。

表 11-3　不同导流墙高度水深调整结果　　　　　　　　（单位:m）

洪水标准	桩号	导流墙高 3.0 m			导流墙高 2.5 m		
		左岸水深	右岸水深	横向水面差	左岸水深	右岸水深	横向水面差
$P = 2\%$	0 + 408.6	1.36	1.46	−0.10	1.40	1.44	−0.04
	0 + 452.2	3.03	0.76	2.27	2.80	0.77	2.03
	0 + 495.8	2.59	0.26	2.33	2.78	0.29	2.49
	0 + 539.4	2.35	1.23	1.12	2.39	1.19	1.20
	0 + 583.1	2.71	0.99	1.72	2.65	0.99	1.66
$P = 1\%$	0 + 408.6	1.69	1.78	−0.09	1.84	1.85	−0.01
	0 + 452.2	3.80	1.01	2.79	3.70	1.02	2.68
	0 + 495.8	3.12	0.34	2.78	3.27	0.36	2.91
	0 + 539.4	2.86	1.30	1.56	3.05	1.28	1.77
	0 + 583.1	3.34	1.06	2.28	3.52	1.06	2.46

导流墙高度过低,导流效果不明显,导流墙过高,虽然导流效果好,但增加了导流墙的工程量,可能是不经济的。因此,导流墙高度的确定应考虑以下因素:

(1)弯道起始段的流速。弯道起始断面流速大,需要的导流墙高度大。

(2)弯道轴线半径。弯道轴线半径大,弯道水流作用小,引起的溢洪道断面横向水面差小,导流墙高度小。

（3）溢洪道断面宽度。溢洪道断面宽度大,需要的导流墙高度大。

（4）经济因素。导流墙高度大虽然水流调整效果好,但导流墙工程量增加。

（5）其他因素。如导流墙结构、边墙高度等,导流墙高度应小于边墙高度。另外,导流墙高度确定还应根据溢洪道设计标准确定。

导流墙的设计高度一般应通过模型试验确定。初步设计时,导流墙的高度可按抬高泄槽底高度 Δh(式(11-1))确定,其中系数 k 可取 $0.7 \sim 1.0$。另外,导流墙高度一般应大于弯道起始断面平均水深。

11.4.3　导流墙的结构形式

导流墙一般应采用钢筋混凝土结构。断面形式可采用矩形,因导流墙顶部可以过水,顶部宜做成梯形或半圆形。

导流墙上下游墩头结构形式对进、出弯道水流有一定的影响,特别是导流墙上游,由于受泄槽内水流冲击波的作用,圆形和矩形直立导流墙墩头,水流直冲墩头而产生较高的水舌。因此,导流墙上游墩头应做成向下游倾斜、下游墩头向上游倾斜的圆锥或圆柱形斜面。

溢洪道泄槽段弯道设置导流墙是一种新的调整弯道水流的工程措施,特别是当弯道轴线半径较小,采用传统的槽底设置横向坡需要弯道凸侧开挖工程量较大,甚至在弯道凹侧出现填方时,更宜采用导流墙方法调整溢洪道弯道水流。但由于导流墙的设计理论还处于研究和探索阶段,因此对导流墙的设计一般应通过模型试验来验证。

参 考 文 献

［1］ 中华人民共和国水利部.SL 253—2000 溢洪道设计规范［S］.北京:中国水利电力出版社,2000.

［2］ 中华人民共和国水利部.SL 155—95 水工(常规)模型试验规程［S］.北京:中国水利水电出版社,
1995.

［3］ 水利水电科学研究院,南京水利科学研究院.水工模型试验［M］.北京:水利电力出版社,1985.

［4］ 吴持恭.水力学(上册)［M］.4 版.北京:高等教育出版社,2009.

［5］ 夏毓常,张黎明.水工水力学原型观测与模型试验［M］.北京:中国电力出版社,1999.

［6］ 李建中,宁利中.高速水力学［M］.西安:西北工业大学出版社,1994.

［7］ 陈德亮.水工建筑物［M］.4 版.北京:中国水利水电出版社,2005.

［8］ 马静,张庆华,宋学东.平底溢洪闸综合流量系数试验［J］.水利水电科技进展,2011,3(4):49-51.

［9］ 李博杰,张庆华,杨梅茹.溢洪道泄槽弯道设置导流墙水流改善机理探讨［J］.水利建设与管理,
2008,21(11):37-39.

［10］ 张庆华,刘巍,宋学东.溢洪道泄槽弯道设置导流墙试验研究［J］.水利水电科技进展,2005,
25(5):52-54.

［11］ 张庆华,宋学东,颜宏亮.控制断面水深的确定方法［J］.中国农村水利水电,2005(4):53-55.

［12］ 杨健,万继伟,吴桐,等.大变幅相对淹没度下冲沙闸的水力特性试验［J］.水利水电科技进展,
2009,29(2):22-25.

［13］ 单长河,齐清兰.无坎宽顶堰流量系数的计算及讨论［J］.研究与设计,2008(5):31-32.

［14］ 郭福厚.水工建筑物堰流流量系数拟合［J］.农业与技术,2006,26(1):94-96.

［15］ 高玉芹.平底闸扩孔后堰流流量系数变化初探［J］.治淮,2007(5):18-19.

［16］ 田嘉宁.急流弯道的水力特性试验研究［J］.陕西水力发电,2000,16(1):8-10.

［17］ 寿伟冈,陈素文.急流收缩段克服冲击波新体形的水力设计［J］.西北水资源与水工程,1994(4):
68-74.

［18］ 吴宇峰,伍超,李静.斜坎在急流弯道控制超高的设计研究［J］.水力发电学报,2007,26(3):77-81.

［19］ 卞祖铭,徐庆华,等.淡溪水库溢洪道弯道水流的改善措施［J］.浙江水利科技,1997(3):26-28.

［20］ 陈鑫苏.消除泄水建筑物弯道冲击波的措施［J］.水利水电技术,1984(6):32-36.

［21］ 邱秀云,侯杰.一种消除陡坡弯道急流冲击波的新措施［J］.水力发电,1998(11):18-21.

［22］ 张建民,王玉蓉,等.过悬栅、悬板栅水流流场测试及消能分析［J］.四川大学学报:工程科学版,
2002(2):36-38.

［23］ 张银华.弯道急流的改善措施研究［D］.郑州:郑州大学,2006.

［24］ 罗美蓉.王家厂水库溢洪道弯道水流的改善措施［J］.泄水工程与高速水流,1994(1):10-14.